Sammlung Göschen Band 355

Die Nadelhölzer
(Koniferen)
und
übrigen Gymnospermen

Von

Prof. Dr. F. W. Neger und **Prof. Dr. E. Münch**

Vierte Auflage, durchgesehen und ergänzt von

Dr. Bruno Huber
o. Professor an der Universität München

Mit 75 Figuren, 4 Tabellen und 3 Karten

WALTER DE GRUYTER & CO.
vormals G. J. Göschen'sche Verlagshandlung · J. Guttentag, Verlagsbuchhandlung · Georg Reimer · Karl J. Trübner · Veit & Comp.

Berlin 1952

Archiv-Nr. 110355
Druck von Thormann & Goetsch, Berlin SW 61
Printed in Germany

Inhalt

Vorbemerkung des Bearbeiters

Die Neuauflage der „Nadelhölzer" erforderte eine gründliche Überarbeitung: Sämtliche Klischees waren im Kriege zerstört worden und konnten nur z. T. nach der alten Auflage reproduziert werden. Glücklicherweise ermöglichte die reiche, in der Hauptsache auf Freiherrn von Tubeuf zurückgehende Lichtbildersammlung des Forstbotanischen Institutes München in den meisten Fällen einen vollwertigen Ersatz. Die Nomenklatur wurde in Anlehnung an Pilgers Bearbeitung in der 2. Auflage von Engler-Prantls „Natürlichen Pflanzenfamilien", Beißner-Fitschen und Rehder überprüft.

1*

Quellen

Aufsätze in den Mitteilungen der Deutschen Dendrologischen Gesellschaft[1]).
Beißner-Fitschen, Handbuch der Nadelholzkunde. 3. Aufl. Berlin 1930.
Engler u. Prantl, Die natürlichen Pflanzenfamilien. 2. Aufl. Bd. 13, Leipzig 1926.
Hempel u. Wilhelm, Die Bäume und Sträucher des Waldes. Abt. I. Die Nadelhölzer. Wien 1893.
Kirchner-Löw-Schröter, Lebensgeschichte der Blütenpflanzen Mitteleuropas. Bd. I. 1904—1906.
Mayr, Fremdländische Wald- und Parkbäume für Europa. Berlin 1906.
Morgenthal, J., Die wildwachsenden und angebauten Nadelgehölze Deutschlands. Jena 1950.
Rehder, A., Manual of cultivated trees and shrubs hardy in North America. 2. Aufl. New York 1949.
Schenck, C. A., Fremdländische Wald- und Parkbäume. Bd. 1 und 2. Berlin 1939.
Schmucker, Th., Die Baumarten der nördlich-gemäßigten Zone und ihre Verbreitung. Silvae orbis Bd. 4, 1942.
Silva Tarouca, Graf, Unsere Freiland-Nadelhölzer. Wien und Leipzig 1913.
Tubeuf, von, Die Nadelhölzer. Stuttgart 1897.
Tubeuf, von, Samen, Früchte und Keimlinge der in Deutschland heimischen und eingeführten forstlichen Kulturpflanzen. Berlin 1891.
Wettstein, von, Handbuch der systematischen Botanik. 3. Aufl. 1935.
Willkomm, Forstliche Flora von Deutschland und Österreich. 2. Aufl. Leipzig 1887.

Die Figuren sind, soweit nicht besonders erwähnt, Originale.

---

[1]) Die Mitgliedschaft bei dieser Vereinigung ist allen Baumfreunden zu empfehlen.

I. Allgemeiner Teil

Die **Nadelhölzer** sind die wichtigste Gruppe der **Gymnospermen** (oder nacktsamigen Blütenpflanzen).

Letztere können durch folgende Merkmale charakterisiert werden: Samenanlagen nackt, nicht von den Fruchtblättern umschlossen, Narben daher nicht vorhanden, Endosperm vor der Befruchtung ausgebildet; der Embryosack umschließt typische Archegonien. Pollenübertragung durch den Wind. Blüten eingeschlechtig. Holzpflanzen mit einfach gebautem sekundären Holz.

Von den eine höhere Entwicklungsstufe darstellenden Angiospermen unterscheiden sie sich besonders durch das Fehlen des Fruchtknotens, das Vorhandensein der Archegonien und die Ausbildung des Endosperms vor der Befruchtung.

Die tiefststehenden Gymnospermen *(Cycadeae)* bilden den Anschluß an die Farnpflanzen, während die höchstentwickelten Gymnospermen *(Gnetaceae)* zu den Angiospermen überleiten.

Das sekundäre Holz besteht vorwiegend oder ausschließlich aus Tracheiden, daneben wenig Holzparenchym, nur bei den höchstentwickelten Gymnospermen *(Gnetaceae)* treten im sekundären Holz echte Gefäße (Tracheen) auf. Das Dickenwachstum erfolgt durch Tätigkeit eines von Anfang an geschlossenen Kambiummantels.

Die geschlechtliche Fortpflanzung der Gymnospermen

Männliche Gymnospermenblüte

Die Schuppen der ♂ Blüte tragen Pollensäcke (Mikrosporangien) mit zahllosen Pollenkörnern (Mikrosporen). Diese sind sehr klein und leicht und bei manchen Gattungen *(Abies, Picea, Pinus,* nicht bei *Larix, Pseudotsuga, Chamaecyparis, Taxus)* mit zwei seitlichen Flugblasen versehen. Sie werden in ungeheurer Menge erzeugt (Schwefelregen) und durch den Wind auf weite Strecken (nachweislich etwa 1000 km) verbreitet. Nur bei einigen höchststehenden Gymnospermen *(Ephedra)* Andeutung von Tierbestäubung.

Wenn die Pollenkörner die ♀ Blüte erreicht haben, gehen sie zur **Prothalliumbildung** über; das Pollenkorn zerfällt — von einigen rudimentären Prothalliumzellen abgesehen — in

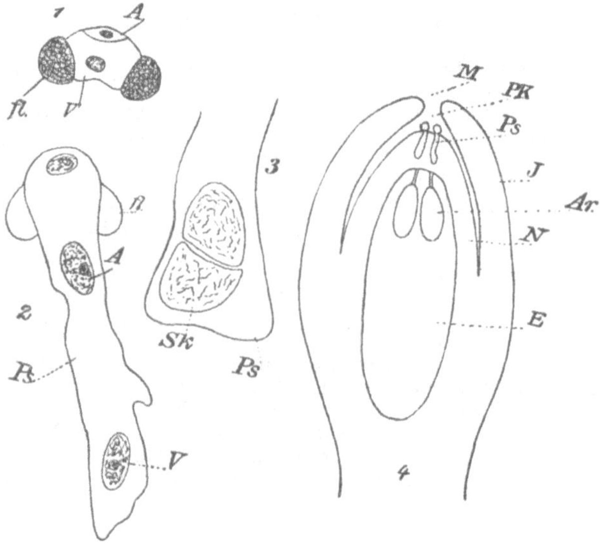

Fig. 1. Befruchtungsprozeß bei Pinus (nach Coulter und Chamberlain). 1 Pollenkorn, *A* Antheridialzelle, *V* vegetativer Teil des Prothalliums, *fl* Flugblasen ($^{300}/_{1}$); 2 Pollenschlauch *Ps* (sonst wie in 1) ($^{300}/_{1}$); 3 Ende des Pollenschlauchs, der vegetative Kern ist verschwunden, aus dem Antheridienkern *A* sind die 2 Spermakerne *Sk* hervorgegangen ($^{400}/_{1}$); 4 Samenanlage: *I* Integument, *PK* Pollenkammer, *M* Mikropyle, *N* Nucellus, welcher den Embryosack einschließt; in diesem *E* Endosperm, *Ar* Archegonien ($^{12}/_{1}$).

zwei Zellen: die kleinere stellt das **Antheridium** dar, die größere wird zum **vegetativen Teil des Prothalliums**. Die vegetative Zelle wächst zu einem Schlauch — dem **Pollenschlauch** — aus, welcher schließlich zwei durch Teilung aus dem Antheridienkern hervorgegangene Kerne umschließt: die **Spermakerne** (entsprechend den **Spermatozoiden** der Farnpflanzen). Der Pollenschlauch wächst in das Gewebe der weiblichen Blüte hinein und läßt die Spermakerne in die Archegonien zur Befruchtung der Eizellen übertreten (Fig. 1). Bei den *Cycadinae* und *Ginkgoinae* treten statt der Spermakerne wie bei Moosen und Farnen noch mit Geißeln schwimmende Befruchtungszellen (Spermatozoiden) auf.

Weibliche Gymnospermenblüte

Die aufrechten (orthotropen) oder hängenden (anatropen) Samenanlagen stehen wie die homologen Makrosporangien der Farne meist einzeln oder zu mehreren auf Schuppenblättern (Sporophyllen), seltener wie bei den Moosen und ausgestorbenen Nacktfarnen (Psilophyten) endständig *(Ginkgo, Taxus)*.

Die Sporophylle treten fast ausnahmslos als Blüten bzw. Blütenstände in eigenen Kurztrieben gehäuft auf; nur bei *Cycas* mischen sie sich in die Spirale gewöhnlicher Laubblätter (Trophophylle). Bei den *Abietaceen* stehen die Fruchtschuppen mit den Samenanlagen in der Achsel von Deckschuppen, so daß der Tannenzapfen wie etwa die Kätzchen einer Weide als Blütenstand gelten muß.

Die einzelnen Teile der Samenanlage werden folgendermaßen bezeichnet: 1—2 Integumente, welche mantelartig den Inhalt der Samenanlage umschließen und an der Spitze einen Porus freilassen — die Mikropyle, durch welche die Pollenschläuche eindringen, ferner der Nucellus, ein Gewebe, in welchem die Makrospore oder der Embryosack eingebettet ist. Das Nucellargewebe kann als Sporangienwand gedeutet werden. Der fertig ausgebildete Embryosack umschließt die Archegonien[1]) an der der Mikropyle zugewandten Seite, während an der entgegengesetzten Seite ein Nährgewebe (primäres Endosperm) den Embryosack erfüllt; letzteres entspricht dem ♀ Prothallium.

An jedem Archegonium ist ein kurzer Halsteil und ein bauchartiger — die große Eizelle einschließender — Hauptteil zu unterscheiden.

---

[1]) Anzahl der Archegonien im Embryosack 2—5 (bei Abietaceen) oder 5—8 (bei Taxus) oder 5—10 (bei Cupressineen), seltener mehr.

Die Homologien mit dem Generationswechsel der Farne sind aus folgender Tabelle zu ersehen:

Farnpflanzen	**Samenpflanzen** (Gymnospermen und z. T. auch Angiospermen[1])	
A. Phase mit einfachem (haploidem) Chromosomensatz		
Spore	Makrospore (= Embryosack der Samenanlage)	Mikrospore (= Pollenkorn)
keimt zum Prothallium (Vorkeim)	teilt sich zum primären Nährgewebe	keimt zum Pollenschlauch
dieses erzeugt Archegonien u. Antheridien	dieses erzeugt Archegonien	dieser entläßt Spermakerne
B. Übergang zum doppelten (diploiden) Chromosomensatz (Befruchtung)		
Spermatozoiden befruchten Eizellen der Archegonien	Spermakerne befruchten Eizellen der Archegonien	
C. Phase mit doppeltem (diploidem) Chromosomensatz		
befruchtete Eizelle keimt ohne Ruhe zur sporentragenden Pflanze	befruchtete Eizelle bildet den Embryo des Samens Samenruhe Keimung liefert die eigentliche Pflanze	
D. Rückführung (Reduktion) zum einfachen Chromosomensatz		
Reifeteilung der diploiden Sporenmutterzellen zu den haploiden Sporen	Reifeteilung der diploiden Embryosack- und Pollenmutterzellen zu haploiden Makro- und Mikrosporen	

[1]) Die haploide Phase im Embryosack der Angiospermen besteht nur aus acht Kernen, welche sich nicht völlig eindeutig mit Prothallium und Archegonien homologisieren lassen (wahrscheinlich entsprechen Eizelle und ihre

Der Same

Die Samenbildung wird durch folgende Vorgänge eingeleitet: Kurz nach der Befruchtung erfolgen in der Eizelle rege Kernteilungen, welche zunächst in der Regel zur Ausbildung eines schlauchförmig verlängerten Embryoträgers (Suspensor) führen; dieser schiebt den Embryo in das Endosperm hinein. Letzteres liefert die zum Ausbau des Embryos nötigen Bildungsstoffe. Obwohl jede Samenanlage mehrere Archegonien und dementsprechend auch mehrere Eizellen enthält, entwickelt sich doch in der Regel in jeder Samenanlage nur ein Embryo.

Die Embryonen besitzen 2—15 Keimblätter (2 bei *Cycadeae*, *Ginkgoaceae*, *Taxaceae*, den meisten *Cupressaceae*, vielen *Taxodieae* und bei den *Gnetaceae*).

Der reife Same ist von einer mehr oder weniger dicken Samenschale umschlossen. Bei manchen Gymnospermen, z. B. *Ginkgoaceae*, *Cycadeae*, *Taxaceae*, nimmt ein Teil der Samenschale fleischige Beschaffenheit an, was zur Ausbildung steinfruchtartiger Samen führt; der fleischige Teil des Samens heißt dann Arillus; bei den *Podocarpeae* werden auch benachbarte Achsenteile fleischig. Wenn die Schuppen, an welchen die Samenanlagen sitzen, verholzen, so entstehen zapfenartige Samenstände (Fruchtzapfen); häufig verwächst dann der Same mit den Schuppen des Zapfens *(Araucarieae)* oder wenigstens mit einer oberflächlichen Zellschicht der zunächst stehenden Schuppe. Jene löst sich dann bei der Reife als Samenflügel von der Schuppe los.

Auch die Schuppen können fleischige Beschaffenheit annehmen, dann entsteht der Beerenzapfen *(Juniperus)*.

Bei vielen Koniferen beobachtet man zweierlei Zapfenschuppen, eine äußere (Deckschuppe) und eine innere (Fruchtschuppe, Samenschuppe). Ausbildung, Größenverhältnisse und Gestalt dieser Schuppen sind von Wichtigkeit für die Systematik. Undeutlich ist diese Differenzierung bei den *Araucarieae*, *Cunninghamia*, *Sciadopitys*, sehr auffallend bei *Abies*, *Pseudotsuga*, *Larix*, sehr klein ist die Deckschuppe bei *Picea*, *Tsuga*, innig verwachsen sind Deck- und Fruchtschuppe bei den *Cupressaceae*. Auffallend ist, daß

---

beiden Gehilfinnen-Synergiden — einem, möglicherweise die Gegenfüßler-Antipoden — einem zweiten Archegonium; nach dieser „Archegon-Theorie" wäre der vegetative Teil des Prothalliums völlig verloren gegangen). Das Nährgewebe des Angiospermen-Samens entsteht zum Unterschied von dem der Gymnospermen nicht primär (vor der Befruchtung), sondern sekundär durch Befruchtung des Embryosackkerns durch den zweiten Spermakern und ist daher nicht dem Prothallium, sondern dem Embryo homolog.

die Gefäßbündel der Fruchtschuppe umgekehrt orientiert sind wie bei der Deckschuppe, d. h. der Holzteil ist nach außen, der Bastteil nach innen gewendet.

Der jahrzehntelange Streit, ob Deck- und Fruchtschuppen als Spaltung einer einzigen Anlage oder als getrennte Bildungen (Deckblatt und Achselsproß) zu betrachten, der Zapfen demnach eine einachsige Blüte oder ein verzweigter Blütenstand ist, konnte durch neue Fossilfunde zugunsten der zweiten Auffassung entschieden werden.

Der von der Schale umschlossene Same selbst besteht aus Endosperm (reich an Reservestoffen, nämlich Kohlehydraten, fettem Öl usw.) und dem im Endosperm eingebetteten Embryo; die Oberfläche der Samenschale trägt zuweilen Harzblasen (z. B. *Abies*, *Chamaecyparis*, *Tsuga*, *Cedrus*).

Samenertrag

Die Mannbarkeit wird erst in einem nach Baumart und Außenumständen wechselnden Alter erreicht, im Freistand und vollen Licht früher als im geschlossenen Bestand, in warmem Klima früher als in kaltem. Z. B. beginnt das mannbare Alter in der Regel annähernd im Jahr:

	frei	im Bestand
Abies alba	30	60
Picea excelsa	20—30	30—40
Pinus silvestris	15—20	30—40
Larix decidua	10—20	(anfangs meist taube Samen)
Pseudotsuga taxifolia	10—30	
Pinus montana	6—10	
Pinus nigricans	15—20	30
Pinus strobus	10—20	30
Pinus cembra, Hochgebirge	70—80, in der Kultur früher (25).	

In einzelnen Fällen kann die Blüten- und Samenbildung noch früher beginnen[1]), besonders bei Ernährungsstörungen. So hat S. Herrmann (Forstarchiv 22, 1951, 167) bei *Pinus*

[1]) Die Forstpflanzenzüchtung bedient sich neuerdings der Eigentümlichkeit, daß Triebe blühreifer Bäume auch dann in der Blütenbildung fortfahren, wenn sie auf Jungpflanzen aufgepfropft werden; auf diese Weise lassen sich handliche Exemplare für künstliche Bestäubung und Samengewinnung gewinnen (Samenplantagen).

montana nach Pfropfung auf einjährige Fichte schon auf einer nur Primärnadeln tragenden, 16 Monate alten Pflanze männliche Blüten beobachtet.

Auch die Häufigkeit der Samenjahre wechselt in weiten Grenzen; in mildem Klima und auf gutem Boden sind Samenjahre häufiger. Die Blüten werden schon in dem Sommer vor dem Blütenjahre in der Knospe angelegt. Für das Auftreten eines Samenjahres ist deshalb auch das Wetter im Sommer des Vorjahres maßgebend (warme, trockene Sommer fördern die Bildung von Blütenknospen), doch sind die äußeren Bedingungen der Blütenbildung bei den Nadelhölzern im einzelnen noch wenig bekannt. Durchschnittlich treten in mittleren Klimalagen Samenjahre ein bei der Fichte alle 3—5 Jahre, Tanne alle 2—3 Jahre, Kiefer alle 3—4 Jahre (alljährlich wenig), Weymouthskiefer alle 2—3 Jahre, Bergkiefer jährlich, Lärche alle 3 Jahre (fast alljährlich etwas), Douglastanne, besonders blaue, häufig, doch Same oft taub. In höheren Gebirgslagen und im Norden Europas sind Samenjahre seltener.

Samengewinnung

Die Zapfen der Nadelhölzer werden am stehenden oder gefällten Stamm gepflückt und bei mäßiger Hitze gedarrt („geklengt"), worauf sie aufspringen und den Samen entlassen. Die Zapfen reifen bei der einheimischen Kiefer Ende November, Fichte Anfang Oktober, Tanne Ende September, Weymouthskiefer und Douglastanne Anfang September. Die Reifezeit richtet sich nach den klimatischen Verhältnissen des Wuchsgebietes und der Jahreswitterung. Frühest zulässige Erntetermine können daher nicht ein für alle Male festgesetzt werden. Die Zapfen von Weymouthskiefer, Douglastanne und Tannen müssen sofort nach der Reife gepflückt werden, da sie alsbald den Samen ausfliegen lassen (der Tannenzapfen entblättert sich nach der Reife). Die Zapfen der gemeinen Kiefer öffnen sich im Frühjahr bei trocknem Wetter, Fichtensamen fliegt bei Trockenheit oft schon im Winter teilweise aus. Die von selbst zerfallenden Tannenzapfen brauchen nicht gedarrt zu werden, Lärchenzapfen werden, weil sie sich beim Darren nicht genügend öffnen, zur Entkörnung durch mechanische Vorrichtungen zerrissen. Die Ausbeute und Körnerzahl ergeben sich aus folgender Tabelle:

	1 hl Zapfen ergibt entflügelten Samen kg	1 kg Samen enthält 1000 Körner
Pinus silvestris	0,75—0,90	150—180
Picea excelsa	0,80—2,40	120—150
Larix decidua	1,80—2,70	140—180
Abies alba	2,50—4,00	19—26

In kaltem Klima werden die Samenkörner kleiner, die Körnerzahl größer als hier angegeben. Bei der Kiefer haben alte Bäume etwas kleinere Zapfen und Samenkörner als junge. Junge und ganz alte Bäume liefern ebenso gute Nachkommen wie solche mittleren Alters.

Keimung

Die Keimung ist bei allen Gymnospermen, mit Ausnahme von Ginkgo und einigen Araukarien, epigäisch, d. h. die Kotyledonen erheben sich über die Erde und ergrünen, bei vielen auch im Dunklen. Bei Ginkgo bleiben sie dauernd in der Samenschale eingeschlossen.

Die Keimfähigkeit und ihre Dauer hängt vor allem von der Behandlung bei der Gewinnung und Aufbewahrung ab. Die Zapfen müssen gut ausgereift sein und die Darrhitze soll bei vorgetrockneten, lufttrockenen Zapfen 50° C nicht übersteigen.

Gut behandelter und gereinigter Samen von Kiefer und Fichte keimt bei richtiger Durchführung der Keimprüfung zu 90 bis 95%, Weymouthskiefer 80 bis über 90%, Tanne 50 bis 60%, Lärche je nach der Entfernung des sehr erheblichen Hohlkornanteils zwischen 40 und 80%. Freisaaten ergeben meist geringere Keim- und noch wesentlich niedrigere Pflanzenprozente. Tannensamen hat nach der Reife eine mehrmonatige Keimruhe.

Die Keimprüfung erfordert bei 25 Grad für die Fichte und Kiefer 3, Lärche 4, Weymouthskiefer 10 Wochen, doch keimt hochwertiges Kiefern- und Fichtensaatgut schon in den ersten vier bzw.

sieben Tagen zu über $90^0/_0$. Weymouthskiefernsamen muß bei der Keimprüfung erst einen Monat feucht und kühl, dann erst einen Monat im warmen Keimschrank gehalten werden (Kellermethode); ohne diese Vorbehandlung ist das Keimprozent meist viel geringer als oben angegeben. Späte Frühjahrssaaten der Weymouthskiefer und verwandter Kiefernarten liegen meist über und keimen erst im folgenden Frühjahr. Taxus liegt regelmäßig 1—2 Jahre über. Der Keimverzug beruht nicht auf der Hartschaligkeit und kann nicht durch Anätzen oder mechanische Behandlung der Samenschale, sondern nur durch mehrmonatige Kaltnaßvorbehandlung aufgehoben werden. Zur Vermeidung des Überliegens muß Strobensamen im Herbst oder sehr zeitig im Frühjahr ausgesät werden. Auch Tannensamen ist möglichst schon im Herbst zu säen.

Bei der Aufbewahrung ist der Samen besonders vor Schimmel und vorzeitigen Keimreizen, also vor Feuchtigkeit und Wärme zu schützen. Kiefern- und Fichtensamen behält wenigstens 5 Jahre die volle Keimfähigkeit, wenn er gut getrocknet in luftdicht verschlossenen Gefäßen kühl aufbewahrt wird. Bei gewöhnlicher Aufbewahrung verliert er die Keimfähigkeit in 3—5 Jahren. Tannensamen verliert seine Keimfähigkeit innerhalb eines Jahres; er kann nicht wie Fichten- und Kiefernsamen ausgetrocknet und luftdicht aufbewahrt werden.

Wirtschaftliche Bedeutung

Die wirtschaftliche Bedeutung der Nadelhölzer liegt vor allem darin, daß sie bei der Anspruchslosigkeit vieler Arten an Boden und Klima auch solchen Standorten noch einen Ertrag abzugewinnen ermöglichen, die zu anderer Benutzung nicht geeignet sind. So gestattet die Kiefer die Ausnutzung der armen norddeutschen Sandböden und die Fichte die Kultur der entlegenen steilen Hänge rauher Gebirge.

Der Holzertrag übertrifft auf solchen Standorten den der Laubhölzer an Masse und Wert bei weitem, besonders hoch ist der Nutzholzertrag der geradschaftigen Tannen und Fichten. Das Stammholz der Nadelhölzer ist als Bau- und Nutzholz, zur Zellulose- und Papierherstellung, zu Grubenholz, Leitungsmasten und Bahnschwellen u. a. für die Industrie unentbehrlich. Geringer ist die Bedeutung des Nadelholzes als Brennholz.

Diese offenkundigen wirtschaftlichen Vorzüge des Nadelholzes haben allerdings im vergangenen Jahrhundert zu einer so einseitigen Begünstigung besonders von Fichte und Kiefer geführt, daß die Vermehrung von Großschädlingen wie Nonne, Borkenkäfer u. dgl. begünstigt und die Nachhaltigkeit der Bodenkraft schwer gefährdet wurde. Am verhängnisvollsten erwies sich der Fichten-Reinanbau, weil dieser Flachwurzler die in humiden Gebieten absinkenden Nährstoffe nicht zu heben vermag, während der dicht gelagerte Nadelabfall einen schwer zersetzlichen Auflagehumus liefert. Solche Erfahrungen führten zur Gegenforderung einer ausreichenden Laubholzbeimischung auch in Nadelholz-Revieren.

Unter den Nebennutzungen sind vor allem die Gewinnung von Harz und Terpentinöl zu nennen, die besonders an Kiefernarten betrieben wird. Die wichtigsten Harzbäume sind *Pinus palustris („longleaf")* und *Pinus caribaea („slash")* im Süden der Vereinigten Staaten von Nordamerika, *Pinus pinaster* in Frankreich (Landes), *Pinus nigricans* in Österreich. Neuerdings wird auch *Pinus silvestris* in Deutschland auf Harz genutzt. Die Harzgewinnung geschieht hauptsächlich durch oberflächliches Anschneiden des Splintes, worauf der Balsam aus den Harzgängen des Holzes ausfließt und in Töpfen aufgefangen wird, außerdem auch durch Destillation aus toten Wurzelstöcken. 1 ha von *Pinus silvestris* kann im äußersten Falle bis 1000 kg Rohharz im Jahr liefern. 1 cbm Splintholz enthält nach Mayr bei der Kiefer 21,1, Lärche 13,3, Fichte 9,4, Tanne 3,2 kg Harz (einschließlich Fett). Dem Holz schadet die Harznutzung bei der Kiefer nicht, da es sich an den Harzlachten durch Verkienung gegen Fäulnis schützt. Dagegen ist die Harznutzung an der harzärmeren Fichte, wie sie früher in Deutschland üblich war, sehr schädlich, da das Holz von den Harzlachten aus verfault. Die Tanne führt Harzgänge nur in der Rinde in kleinen Harzbeulen, aus denen es früher durch Anstechen gewonnen wurde (Straßburger Terpentin). An der Lärche sammelt sich das Harz in Kernrissen und wurde früher durch Anbohren gewonnen (Venetianischer Terpentin).

Die Rinde der Fichte, in Nordamerika besonders der *Tsuga*

canadensis, liefert Gerbstoff (Fichte 6—14%). Weitere Nebennutzungen sind: Nahrungsmittel: Araukariensamen (Chile, Brasilien), Pinien (Spanien), Zirbelnüsse (Alpen), *Pinus edulis* („Pinon“, in Nordamerika), Cycasarten (unechter Sago im Mark der Stämme), Samen von *Dioon edule*. Speiseöl (*Torreya nucifera*, mit geringem Erfolg auch vom Fichtensamen versucht). Ätherische Öle (Zimmerparfüm): Pinusarten (besonders *Pinus montana*), *Abies*, *Picea* u. a. (Nadeln). Waldwolle — ein Stopfmaterial, aus Kiefernnadeln hergestellt. Wacholderbeeren als Gewürz. Pollenstaub — an Stelle von *Lycopodium* in Apotheken, Knospen — in alkoholischem Auszug als Volksheilmittel gegen Gicht, usw. Die vielfach geübte Nutzung der Streu, der abgefallenen Nadeln und der Bodenvegetation des Waldes, ist als nachteilig für Boden und Bestand zu verwerfen.

Ein Hauptwert der Nadelwälder, der besonders an steilen Gebirgshängen von größter Bedeutung ist, besteht im Schutz des Bodens vor Abschwemmung, vor Lawinen und vor Überschwemmungen, sowie in der Regulierung der Quellen und des Wasserstandes der Flüsse durch Verzögerung des oberflächlichen Wasserablaufes (Schutz- oder Bannwald).

Groß ist auch die Bedeutung des Nadelwaldes als Erholungsstätte für die Bevölkerung und der Zierwert der Nadelhölzer im Park und in der Natur. Fichten und Tannen, weniger Kiefern, haben auch als Weihnachtsbäume und Schmuckreisig wirtschaftliche und besonders ethische Bedeutung. Die Äste werden in der Gärtnerei als Deckreisig geschätzt.

Formenreichtum und Standortsrassen

Die meisten Nadelholzarten bilden zahlreiche Varietäten und Spielarten, unter denen die folgenden als „Parallelmutationen“ bei vielen Arten zu finden sind:

1. Vegetative Organe: An Stamm und Ästen: *pyramidalis* (spitzkronig), *pendula* (Hängeform), *prostrata* (Kriechform), *nana* (Zwergform), *virgata* (Schlangenform), *intertexta* (weitgestellte Zweige), *filiformis* (fadenförmige Zweige),

crispa (gekräuselt). Kugel- und Buschformen *(globosa)* können aus Samen von Hexenbesen hervorgehen.

An Blättern: *glauca* (bläulich), *argentea* (silberfarbig), *aurea* (goldgelb), *variegata* (bunt), ferner groß- und kleinblättrige u. a.

2. Fortpflanzungsorgane: Rote und grüne Zapfenfarbe *(chlorocarpa* und *erythrocarpa)* bei *Picea excelsa*, *alba*, *pungens*, *Larix decidua*, *leptolepis*, *Pinus silvestris*, *montana*, *banksiana*, *uliginosa*. Form der Zapfenschuppen *obovata*, *fennica*, *europaea*, *acuminata* bei *Picea excelsa*, *alba*, *omorica*, *ajanensis*. Form der Zapfenschuppen bei einigen Kiefernarten s. *Pinus silvestris* und *montana*.

Wichtiger sind die physiologischen Varietäten, die Standortsrassen, die bei allen Baumarten bestehen, die über größere Gebiete mit wesentlich verschiedenem Klima verbreitet sind (z. B. *Pinus silvestris* von Südeuropa bis zur Polargrenze und über fast ganz Sibirien, vom Tiefland bis fast zur Baumgrenze im Gebirge). Die Bestände sind an das Klima ihrer engeren Heimat angepaßt und behalten die ihrem Heimatklima entsprechenden Eigenschaften zum großen Teil bei, auch wenn sie in ein fremdes Klima verpflanzt werden. Sie gedeihen deshalb in fremdem Klima in der Regel schlechter als die hier einheimischen Bäume der gleichen Art. Die Anpassung erstreckt sich besonders auf Wärme und Vegetationsdauer. Samen von Bäumen aus dem kühleren Klima des Nordens und hoher Lagen liefern Pflanzen von langsamem Wuchs, die die Wärme und Vegetationsdauer südlicher und tieferer Lagen nicht ausnutzen können. Nachkommen von Bäumen aus wärmerem Klima in kühlerem Klima angebaut, finden ihr ererbtes Wärmebedürfnis nicht befriedigt. Auch suchen sie die längere Vegetationsdauer ihres Heimatortes beizubehalten, wachsen in den Herbst hinein und erfrieren dann leicht im Winter. Kiefern aus schneearmen Tieflagen sind der stärkeren Schneebelastung höherer Gebirgslagen nicht gewachsen, während Kiefern aus schneereichen Lagen durch spitze, schmale Kronen und biegsame Äste gegen Schneedruck geschützt sind. Fichten in Frostlagen sind durch spätes Austreiben ihrer Knospen vor Spätfrösten geschützt. Auch an die Lichtfülle und die Verdunstungskraft (Luftfeuchtigkeit usw.)

des heimatlichen Standortes sind die Nadelhölzer mit erblichen Eigenschaften, stärkerem Blattschutz durch Oberhaut und Unterhaut und durch Wachsbelag der Blätter, angepaßt. Es ist deshalb von größter Bedeutung für das Gedeihen der Kulturen, daß der Same aus einem dem Klima des Anbauortes möglichst gleichen Klima stammt[1]). Dies gilt nicht nur für die Auswahl der anzupflanzenden Arten, sondern auch für die zur gleichen Art gehörigen Individuen. Selbst innerhalb der gleichen Varietät (z. B. *Pseudotsuga taxifolia var. glauca*) können sich die Individuen je nach der Samenherkunft grundverschieden verhalten.

Außer der geographischen Breite und der Gebirgshöhe des Herkunftsortes ist besonders der maritime oder kontinentale Charakter des Klimas zu beachten. Baumarten und Baumrassen aus Seeklima (z. B. Westküste von Nordamerika und Europa, Japan) verlangen lange, wenn auch kühle Vegetationszeit und milden, feuchten Winter. Im Kontinentalklima gleicher Breite und Meereshöhe reifen sie nicht aus und leiden, besonders in der Jugend, unter Frost im Herbst und im Winter. Bäume des Kontinantalklimas (z. B. Osteuropa, Innerasien, östliches Nordamerika, auch inneres Felsengebirge) sind zumeist winterhart; sie vertragen das Seeklima eher als maritime Bäume das Binnenklima. Das Klima Deutschlands bildet einen Übergang vom See- zum Kontinentalklima und ist deshalb günstig zum Anbau vieler Holzarten, sowohl aus dem kühleren Seeklima wie auch aus dem kühleren Kontinentalklima. Die deutschen Mittelgebirge, besonders im Westen Deutschlands (Schwarzwald u. a.), stehen klimatisch den maritimen Gebieten nahe.

Die wüchsigsten Nadelbäume der Welt sind im ausgesprochenen Seeklima der pazifischen Küste von Nordamerika beheimatet (*Abies grandis*, *Picea sitchensis*, *Pseudotsuga taxifolia viridis*, *Thuja gigantea*, *Sequoia gigantea* und *sempervirens* u. a.).

---

[1]) Umfassende Klimaangaben für ausländische Holzarten bei C. A. Schenck, Fremdländische Wald- und Parkbäume, Berlin 1939.

II. Spezielle Beschreibung der Gymnospermen

Übersicht über die lebenden Klassen der Gymnospermen[1])

1. Im sekundären Holz keine Gefäße, Blüten nicht von Blütenhülle (Perianth) umgeben.
   a) Stamm unverzweigt, Blätter groß, palmenähnlich, fiederförmig gespalten, spiralig angeordnet: *Cycadinae.*
   b) Stamm verzweigt, Blätter laubartig, flächenförmig ausgebreitet, spiralig angeordnet: *Ginkgoinae.*
   c) Stamm verzweigt, Blätter nadel- oder schuppenförmig, spiralig oder quirlig angeordnet: *Coniferae.*
2. Im sekundären Holz Gefäße, Blüten von Perianth umgeben: *Gnetinae.*

1. Klasse: *Cycadinae*

Stamm nicht oder wenig verzweigt, ohne Tracheen (Gefäße) im sekundären Holz, Laubblätter groß, gefiedert, am Ende des Stammes gehäuft (ähnlich den Blättern mancher Palmen). ♂ Blüten(stände) zapfenartig, Staubblätter schuppen- oder schildförmig mit zahlreichen Staubbeuteln an der Unterseite. ♀ Blüten gleichfalls zapfenförmig oder aus büschelig gehäuften ($\pm$ gefiederten) Fruchtblättern gebildet, an deren Rändern die Samenanlagen stehen. Befruchtung durch selbstbewegliche Spermatozoiden. Bei der Samenreife wird der äußere Teil des Integuments fleischig (Arillus), der innere steinhart.

[1]) Nach Engler-Diels, Syllabus der Pflanzenfamilien. Die ausgestorbenen Klassen der samentragenden Farne (Pteridospermen), Cordaiten und Bennettitales werden hier nicht weiter behandelt. Über sie unterrichtet das Göschenbändchen Nr. 1137 „Entwicklungsgeschichte des Pflanzenreiches" von H. Heil (2. Aufl. Berlin 1950).

Im Habitus erinnern die *Cycadinae* an Baumfarne (und Marattiaceen) sowie an die echten Palmen und werden deshalb häufig als „Farnpalmen" bezeichnet. Der Stamm erreicht selten bedeutende Höhe, ist knollen- oder säulenförmig, meist von den Resten der Blattstiele besetzt.

Die *Cycadinae* sind Bewohner der subtropischen und Äquatorialzone.

Cycas — unechte Sagopalmen — mit ca. 16 Arten im tropischen Asien, Australien und Polynesien. Sehr beliebt als Zierpflanzen sind: *Cycas revoluta L.* (südl. Japan).

Das stärkereiche Mark der Stämme verschiedener Arten liefert eine Art „Sago". (Der im großen in den Handel kommende „Sago" stammt nicht von diesen Bäumen, sondern von echten Palmen, und zwar *Metroxylon*-Arten.)

Zamia (tropisches Amerika), *Ceratozamia* (Mexiko), *Dioon*, z. B. *D. edule* (Mexiko) mit eßbaren stärkereichen Samen, *Stangeria* (Port Natal), *Bowenia* (Australien), *Macrozamia* (desgl.) u. a.

2. Klasse: *Ginkgoinae*

Stamm verzweigt, ohne Gefäße im sekundären Holz. Blätter laubartig breit, fächerförmig mit farnartiger Nervatur (ohne seitliche Vernetzung; Fig. 2), spiralig angeordnet. Zweihäusig: ♂ Blütenstände kätzchenförmig, aus zahlreichen Staubblättern mit je zwei Pollensäcken gebildet; ♀ Blüten aus einem langen stielartigen Fruchtblatt und zwei schräg abstehenden Samenanlagen bestehend. Befruchtung durch freibewegliche Spermatozoiden. Samen steinfruchtartig mit fleischigem Arillus und harter Innenschale.

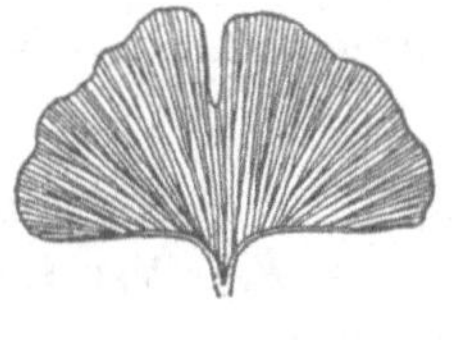

Fig. 2. Blatt v. *Ginkgo biloba*. Aus: Neudammer Forstl. Lehrbuch, 11. Aufl.

Einzige Familie mit nur einer rezenten Art:

Familie *Ginkgoaceae*

mit *Ginkgo biloba L.*, Ginkgo[1]), in China

[1]) Der Baum heißt in China *Gin-Kyo* = Silber-Pflaume. Die Verwechslung des y mit g geht bereits auf einen Schreib- oder Lesefehler des europäischen Erstbeschreibers Kaempfer (1712) zurück, dessen Benennung Linné übernahm. Neuerdings setzen sich namhafte Autoren für eine Richtigstellung des Namens ein, die sich aber gegenüber einer zweihundertjährigen Gewohnheit schwer durchsetzen dürfte.

heimisch und dort als heiliger Baum in der Nähe der Tempel angebaut, bei uns in Gärten viel kultiviert. In der Heimat wird dieser sommergrüne Baum bis 30 m hoch und 2—4 m dick. Holz zu Tischlerarbeiten verwendet; die Samen (Pa-Kwo) werden in China gegessen.

3. Klasse: *Coniferae*, Nadelhölzer

Blätter nadel- oder schuppenförmig, einzeln, spiralig oder quirlig angeordnet oder zu zwei- bis vielnadeligen Kurztrieben vereinigt.

♂ Blüten kätzchenähnlich und nach der Blüte abfallend, Staubblätter schuppenförmig mit Pollensäcken (Mikrosporangien) an der Unterseite. ♀ Blüten zu Zapfen vereinigt, Fruchtblätter (Sporophylle) mit je einer bis mehreren Samenanlagen (Makrosporangien); seltener nicht zapfenbildend, dann nur wenige Samenanlagen enthaltend (*Taxaceae*).

Das sekundäre Holz enthält keine Gefäße, nur Tracheiden und wenig Parenchym, vielfach auch Harzkanäle.

Die Koniferen gehören vorwiegend der nördlich gemäßigten Zone an, wenige finden sich auch innerhalb der südlich gemäßigten Zone; in der tropischen Zone beschränken sie sich auf die Hochgebirge.

Mit Ausnahme der Gattungen *Larix*, *Pseudolarix*, *Taxodium* und *Metasequoia* sind die Koniferen immergrün und besitzen xeromorphe Blätter (Nadeln).

Übersicht über die Ordnungen, Familien und Gattungen der Koniferen

I. Ordnung *Taxoideae*. Blüten zweihäusig (selten einhäusig), Zapfenbildung undeutlich, ♀ Blüten einzeln oder höchstens zu 4 beisammen. Reife Samen steinfruchtartig, die Fruchtblätter überragend.

1. Fam. *Taxaceae*.
   Eine endständige aufrechte Samenanlage.
   Gattungen: *Taxus*, *Torreya*.

2. Fam. *Cephalotaxaceae.*
   Fruchtbl. in gekreuzten Paaren mit je 2 aufrechten Samenanlagen.
   Gattungen: *Cephalotaxus*, *Amentotaxus.*

3. Fam. *Podocarpaceae.*
   ♀ Blütenstand aus 1—n Fruchtblättern mit je einer anatropen Samenanlage gebildet.
   Gattungen: *Saxegothea*, *Microcachrys*, *Dacrydium*, *Podocarpus*, *Phyllocladus.*

II. Ordnung *Pinoideae.* Blüten meist einhäusig (seltener zweihäusig), Zapfen deutlich, aus wenigen bis vielen Blättern gebildet, welche die Samenanlagen decken. Zapfen tragen entweder einerlei oder zweierlei Schuppen (Deck- und Fruchtschuppen). Hierauf sowie auf die Stellung der Nadeln und Samenanlagen gründet sich die Einteilung der Pinoideen in vier Familien.

4. Fam. *Araucariaceae.*
   Nadeln spiralig, Fruchtblatt nicht deutlich, in Deck- und Fruchtschuppe differenziert (letztere höchstens an der Spitze frei), mit nur einer anatropen Samenanlage.
   Gattungen: *Agathis*, *Araucaria.*

5. Fam. *Pinaceae* (= *Abietaceae*).
   Nadeln spiralig, Deck- und Fruchtschuppe deutlich getrennt (erstere meist kleiner), an der Innenseite der Fruchtschuppe zwei anatrope Samenanlagen.
   Gattungen: *Abies*, *Picea*, *Tsuga*, *Pseudotsuga*, *Keteleeria*, *Pinus*, *Larix*, *Cedrus*, *Pseudolarix.*

6. Fam. *Taxodiaceae.*
   Nadeln spiralig, Deck- und Fruchtschuppe mehr oder weniger deutlich getrennt, Samenanlagen 2—8, achselständig und dann aufrecht, oder auf der Fläche der Fruchtschuppe und dann umgewendet.
   Gattungen: *Sciadopitys*, *Cunninghamia*, *Arthrotaxis*, *Sequoia*, *Metasequoia*, *Cryptomeria*, *Taxodium*, *Glyptostrobus.*

7. Fam. *Cupressaceae.*
   Nadeln (z. T. schuppenförmig) gegenständig oder quirlig, Samenanlagen aufrecht, Kotyledonen 2.
   a) Unterfamilie *Actinostrobeae.*
      Zapfen holzig, Fruchtschuppen klappig, von der Spitze her auseinanderweichend, an der Basis angeheftet.
      Gattungen: *Actinostrobus*, *Callitris*, *Fitzroya.*
   b) Unterfamilie *Thujopsideae.*
      Zapfen holzig, Fruchtschuppen dachziegelförmig in mehreren Quirlen, deren unterste steril sind.
      Gattungen: *Thujopsis*, *Libocedrus*, *Thuja*, *Biota.*
   c) Unterfamilie: *Cupresseae.*
      Zapfen holzig, Fruchtschuppen schildförmig, in der Mitte angeheftet, klappig aneinandergepreßt.
      Gattungen: *Cupressus*, *Chamaecyparis.*
   d) Unterfamilie *Junipereae.*
      Zapfen beeren- oder steinfruchtartig, die fleischigen Fruchtblätter bei der Reife verwachsend.
      Gattung: *Juniperus.*

1. Familie: *Taxaceae*

Charakteristik der Familie s. S. 20.

Übersicht der Gattungen:

♀ Blütenstände mit je einer Blüte . . . . . *Taxus.*
♀ Blütenstände mit je zwei Blüten . . . . . *Torreya.*

Taxus L., Eibe

Mehrere schwer voneinander zu unterscheidende Arten, vielleicht nur Varietäten einer und derselben Art (*T. baccata*), in der nördlich gemäßigten Zone der Alten und Neuen Welt heimisch.

Die wichtigste Art ist:

Taxus baccata L., die gemeine Eibe.

Blätter tannenähnlich, aber einspitzig und ohne weiße Streifen auf der Unterseite, unterseits mit deutlicher Mittelrippe, weich. Harzgänge fehlen allen Organen; statt dessen enthalten Blätter wie krautartige Teile der Achse ein giftiges Alkaloid, das Taxin[1]). Auch die Samen sind giftig, der fleischige Samenmantel (Arillus) dagegen nicht. ♂ Blüten blattachselständige kugelige Kätzchen, stäuben März-April; Staubblätter mit 6—8 der Länge nach aufspringenden Pollensäckchen, Pollenkörner ohne Flugblasen. ♀ Blüten in Form nackter Samenanlagen, welche nebst dem Stiel an der Basis von schuppenartigen Hochblättern bedeckt sind, gleichfalls in der Achsel von Blättern, weniger zahlreich (Fig. 3). Diese endständige Stellung der Samenanlagen wird neuerdings als Nachklang der bei Moosen und Nacktfarnen (Psilophyten) üblichen Sporangienstellung aufgefaßt. Wegen dieses primitiben Merkmals stellt man die Taxaceen im System allen echten Zapfenträgern (=Coniferen) voran.

Die Borke wird in flachen Platten von unregelmäßigem Umriß abgeworfen. Das harte, schwere Holz besteht aus schmalem, gelbem Splint und braunrotem Kern. Die Samen liegen meist 1—2 Jahre oder länger über und keimen mit zwei gegenständigen Kotyledonen.

Die Eibe wächst langsam, ist frostempfindlich, verträgt sehr viel Schatten (sie übertrifft in dieser Hinsicht selbst die Weißtanne), bildet reichlich Stockausschlag[2]) und verträgt Beschneiden gut (Hecken und natürliche Kulissen von Taxus). Auch Vermehrung durch Stecklinge erfolgt leicht. Sie wird sehr alt (über 1000 Jahre), erreicht aber nur geringe Höhe (12—15 m), mäßigen Stammdurchmesser (0,5 m) und bildet eine weitausladende Krone.

---

[1]) Angeblich für Wild ungefährlich.

[2]) Hierauf ist die Erscheinung zurückzuführen, daß sehr alte Eiben (über 200 bis 250 Jahre) meist keinen einfachen, sondern einen aus zahlreichen kleineren zusammengesetzten Scheinstamm besitzen; sowie nämlich an älteren Bäumen der Stamm verletzt oder zerstört wird, erheben sich an der Basis zahlreiche Wurzelschößlinge, welche im Laufe der Zeit untereinander und mit dem Hauptstamm verwachsen.

Verbreitung: Europa, nördlich bis 60° n. B., südlich bis Griechenland, Spanien, Portugal, östlich bis Persien, außerdem Azoren, Algier und Kleinasien. In den Alpen bis

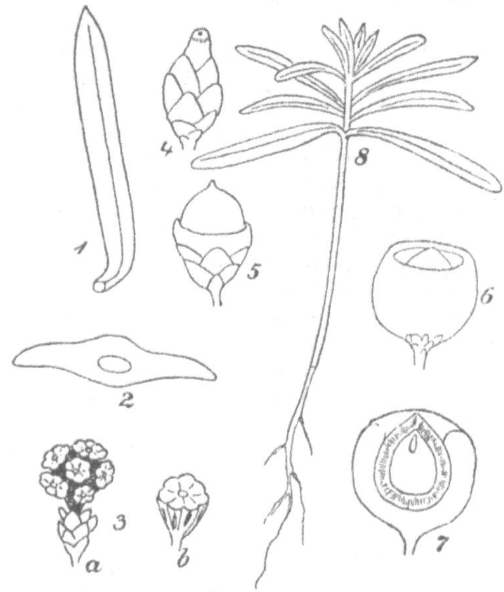

Fig. 3. *Taxus baccata L.*

1 Einzelne Nadel ($^3/_1$); 2 Nadelquerschnitt ($^{12}/_1$) (ohne Harzgänge!); 3a ♂ Blüte ($^3/_1$); 3b einzelnes Staubblatt mit längsaufspringenden Staubbeuteln ($^4/_1$); 4 ♀ Blüte (im oberen Teil die Samenanlage mit der Mikropyle sichtbar) ($^4/_1$); 5 reifender Same ($^3/_1$); 6 reifer Same mit fertiggebildetem Arillus ($^1/_1$); 7 derselbe längsdurchschnitten, von außen nach innen: Arillus Samenschale — schraffiert —, Endosperm, Keimling ($^1/_1$); 8 Keimpflanze mit zwei gegenständigen Kotyledonen und spiraligen Primärblättern ($^1/_1$).

1200 m ü. M. In früheren Zeiten in Mitteldeutschland viel häufiger, verschwindet sie jetzt wegen ihres schwachen Wuchses aus dem geschlossenen Hochwald. Varietäten der gewöhnlichen Eibe sind die Form mit gelbem Arillus *(fructu luteo)*, die Form mit ausgebreiteten, fast hängenden Zweigen *(T.*

Dovastoni), diejenige mit zypressenartigem Wuchs *(T. fastigiata)*.

Auch die nachfolgend genannten außereuropäischen Arten werden vielfach nur als Varietäten der gemeinen Eibe aufgefaßt; es sind dies:

T. canadensis Marsh. (Kanada-Virginia), selten bei uns in Gärten kultiviert, trägt ♂ und ♀ Blüten auf einem Stock.

T. brevifolia Nutt. (N.-W.-Amerika). *T. tardiva Laws.* (Japan). *T. cuspidata Sieb. et Zucc.* (Araragi, Japan).

Torreya Arn.

Blätter eibenähnlich, nur länger. ♂ Blüten kugelig blattachselständig. Staubblätter mit nur zwei der Länge nach aufspringenden Pollensäcken. ♀ Blütenstand zweiblütig. 4 Arten, davon 2 in Nordamerika, 2 in China und Japan.

T. nucifera Sieb. et Zucc. (=*Taxus nucifera L.*), Nußeibe, Kaya, heimisch in den Gebirgen von Nippon und Sikok; kleiner Baum oder Unterholz. Arillus grünbraun, Kern fleischig-ölig (Speiseöl).

T. grandis Fort. Gebirge Nordchinas.

T. californica Torr. (= *T. Myristica Hook.*), Kalifornische Muskatnuß, Stinkeibe. Baum in den Gebirgen Kaliforniens, wird 30 m hoch.

T. taxifolia Arn. Stinkeibe, Stinkzeder, wilde Muskatnuß. Kleiner Baum Floridas.

Die Scheinbeeren der beiden letztgenannten Arten haben sehr unangenehmen Geruch.

Die Torreya-Arten werden bei uns in Gärten kultiviert, halten aber nur in den mildesten Lagen aus.

2. Familie: *Cephalotaxaceae*

Charakteristik der Familie s. S. 21.

Cephalotaxus Sieb. et Zucc. mit vier Arten in China und Japan. Ihren Namen — „Kopfeibe" — haben diese den Eiben ähnlichen Pflanzen daher, daß die Blüten zu kleinen Köpfchen vereinigt sind, ♂ je 5 bis 8 in einem Köpchen, ♀ in kurzgestielten Zäpfchen in der Achsel von Niederblättern. Die die ♀ Blütenstände tragenden Triebe wachsen nach der Blüte zu beblätterten Sprossen aus. Samen reif steinfruchtartig mit fleischigem äußeren und häutigem inneren Integument.

C. Fortunei Hooker, leicht erkennbar an ihren 6—12 cm langen, eibenartigen Nadeln. Nordchina, Japan.

C. drupacea Sieb. et Zucc., Same groß, bis 3 cm, Nadeln 2—4 cm lang. Die var. *Harringtonia* (Forb.) Pilger (= *C. pedunculata Sieb. et Zucc.*) Nadeln 3—5 cm lang, Stiel des weiblichen Zäpfchens verhältnismäßig lang (1—2 cm) (Fig. 4).

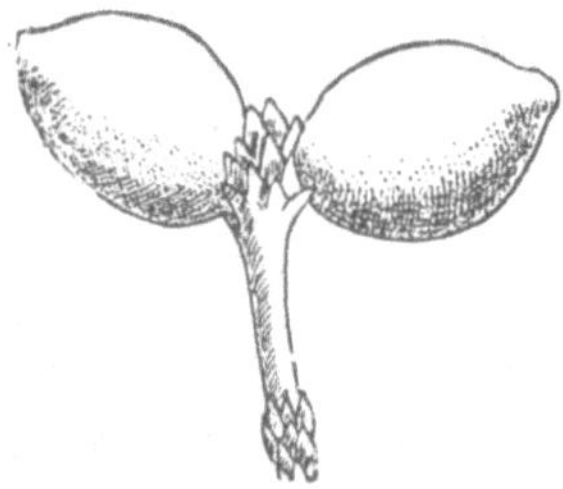

Fig. 4. *Cephalotaxus drupacea* var. *Harringtonia (= pedunculata)*. Gestieltes ♀ Zäpfchen mit 2 reifen Samen (1/1).

Fig. 5. *Podocarpus*. 1. ♀ Blüte von *Podocarpus macrophylla Don*. mit 2 Samenanlagen (2/1); 2. Scheinfrucht von *P. totara* (Neuseeland) mit fleischigem Receptaculum (aus den verwachsenen Fruchtblättern gebildet) (2/1).

C. fastigiata Carr., Nadeln spiralig gestellt, nicht gescheitelt wie bei den anderen.

Alle *Cephalotaxus*-Arten gedeihen in Mitteleuropa in milden Lagen (Südtirol, Rheinebene) und werden als dekorative Pflanzen gern kultiviert, wachsen aber bei uns meist nur strauchartig, während sie in ihrer Heimat 5—10 m hohe Bäume bilden.

Die in einer einzigen Art *A. argotaenia (Hance)* Pilger in West-China gedeihende Gattung *Amentotaxus* mit kätzchenförmigen männlichen Blütenständen (*amentum* = Kätzchen) ist bei uns nicht anbaufähig.

3. Familie: *Podocarpaceae*

Genannt nach der artenreichsten Gattung (*Podocarpus*), enthält immergrüne Bäume und Sträucher wärmerer Klimate, welche bei uns nur im Kalthause gedeihen. Charakteristik der Familie s. S. 21.

Wichtigste Gattungen:

Saxegothaea Lindl (benannt zu Ehren des Prinzgemahls der Königin Viktoria Albert von Sachsen-Coburg-Gotha), mit einer Art:

S. conspicua Lindl. (Mañiu), ein Baum vom Aussehen der gemeinen Eibe, heimisch in den Anden des südlichen Chile.

Microcachrys tetragona Hook. f., Baum von 4—6 m Höhe, von

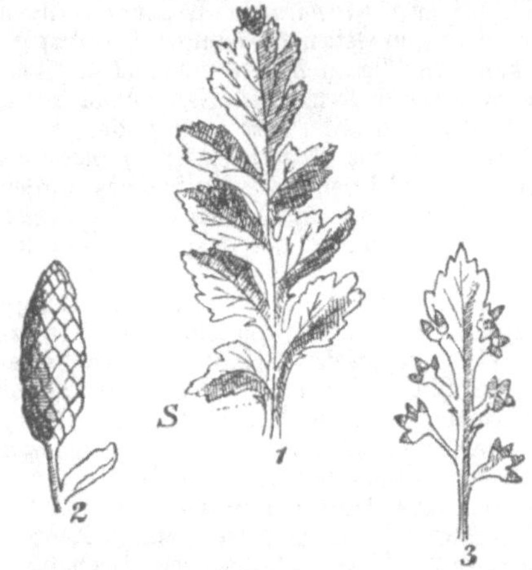

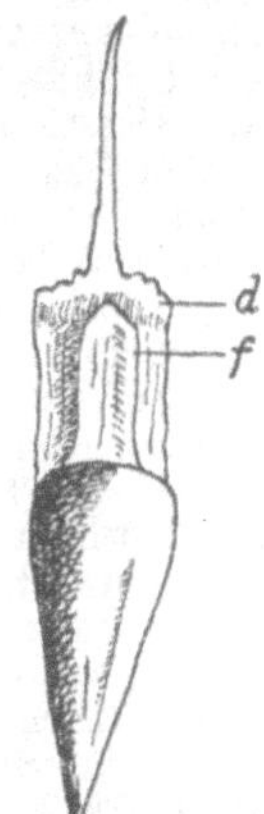

Fig. 6. Fig. 7.

Fig. 6. ***Phyllocladus trichomanoides Don.*** 1 Flachsproß (***Phyllocladium***) mit zu Schuppen (*S*) reduzierten Blättern (1/1); 2♂ Kätzchen (2/1); 3 Flachsproß mit ♀ Blüten an der Basis (1/1).

Fig. 7. Same von ***Araucaria auracana*** (1/2 nat. Gr.). Der zahnförmige Fortsatz oberhalb des Samens (*f*) wird als freier Teil der Fruchtschuppe gedeutet, *d* Deckschuppe. Diese ist mit der Fruchtschuppe und dem Samen eng verwachsen (1/2).

zypressenartigem Aussehen mit schuppenförmigen Blättern. Tasmanien.

Dacrydium Sol. (inkl. *Pherosphaera Arch.* und *Lepidothamnus Phil.*) mit ca. 20 Arten in Malaien, Neuseeland, Tasmanien und Südchile.

Bäume oder niedrige Sträucher mit vorwiegend schuppenartigen Nadeln und häufig bärlappartigem Habitus, Blüten einzeln, endständig, ♂ kätzchenförmig, ♀ aus einer halb umgewendeten Samenanlage bestehend.

Dacrydium cupressinum Sol., wird in der Heimat (Neuseeland) 20 m hoch, mit herabhängenden schuppig benadelten Zweigen.

Hierher auch *Lepidothamnus Fonkii Phil.*, ein niedriger, ästiger Strauch im Küstengebirge der Provinz Valdivia (Chile).

Podocarpus L'Herit (inkl. *Prumnopitys Phil.*), ca. 70 Arten, teils mit großen, häufig sogar sehr langen und ziemlich breiten, weidenartigen, teils mit schuppenförmigen Blättern (dann vom Aussehen eines *Dacrydium*), in Ostasien, Gebirgen der Tropengegenden, sowie in der kühl gemäßigten Zone der südlichen Halbkugel (Chile, Südafrika, Neuseeland, Tasmanien, Neuholland usw.); in Deutschostafrika: *P. usambarensis Pilger*, einer der wichtigsten Bäume in Westusambara, bis 40 m hoch, *P. milnajianus Rend.*, Usambara, Uluguru usw. Bei der Reife des Samens werden auch benachbarte Achsenteile fleischig und bilden ein die Samen tragendes *Receptaculum* (Fig. 5), daher der Name *Podocarpus* (Fußfrucht).

Phyllocladus Rich. Die Nadeln sind nur in Form kleiner Schüppchen ausgebildet. Die Assimilation wird von blattförmigen Flachsprossen (Phyllocladien[1]) besorgt, an deren Kanten in zwei Zeilen die Nadelschüppchen stehen. Blüten 1- oder 2häusig; ♂ in walzenförmigen Kätzchen, ♀ in kurzen Trauben. Die fleischige Umhüllung des Samens wird hier von den Fruchtblättern gebildet. Zur Reifezeit ragen die Samen über die Fruchtschuppen vor (Fig. 6).

Drei Arten in Tasmanien, Neuseeland und Borneo.

Ph. trichomanoides Don. Baum bis 25 m hoch, Gebirge Neuseelands, *Ph. aspleniifolius (Labell.) Hook. f.*, 20 m hoch, Tasmanien. *Ph. hypnophyllus Hook. f.*, Borneo. Kalthauspflanzen.

4. Familie: *Araucariaceae*

Charakteristik der Familie s. S. 21.

Übersicht der Gattungen:

Same frei, mit der Zapfenschuppe nicht verwachsen *Agathis*.
Same mit der Zapfenschuppe verwachsen . . . *Araucaria*.

Agathis Salisb. (= *Dammara Lamb.*)

Agathis alba (Lamb.) Foxworthy (= *Dammara alba Lamb.*), Baum der Malaiischen Inseln und Philippinen, bis 30 m hoch, Blätter breit, lederartig, 6—12 cm lang, meist gegenständig. Das aus dem Stamm ausfließende und zu zentnerschweren Klumpen erhärtende Harz kommt als Dammaraharz (Verwendung zu Firnis und in den Apotheken) in den Handel.

[1]) Daher der Gattungsname (*Phyllocladus* = Blattzweig).

A. australis (Lamb.) Steud., Kaurifichte, in Neuseeland heimisch, Blätter kürzer als bei voriger Art und spiralig gestellt; liefert das Kauri-Kopal, ein Harz, welches im Boden von Heide-

Fig. 8. *Araucaria araucana* (= *imbricata*) in der Cordillera de Nahuelbuta (Chile). Phot. von P. Dusén.

flächen, auf welchen früher Kauriwälder standen, gesammelt wird (rezentfossil).

Die beiden genannten Arten sind bei uns nicht winterhart. Die übrigen Agathisarten (*A. robusta Moore*, *A. vitiensis Seem.* u. a.) sind in Neukaledonien, auf den Fidschiinseln, in Neuholland und auf den Malaiischen Inseln heimisch und dauern bei uns nur im Kalthaus aus.

Araucaria Juss.

Ca. 12 Arten der südlich gemäßigten Zone (Amerika und Australien). ♂ Blüten in walzenförmigen Zapfen; ♀ kugelig,

Fig. 9. *Araucaria excelsa R. Br.* (in einem Garten bei Gibraltar).

reifer Zapfen zerfallend; Same mit Schuppe vollkommen verwachsen (Fig. 7), mehlreich.

A. araucana (Molina) K. Koch (= *imbricata Pavon*) (Fig. 8, Anden Chiles und Argentiniens zwischen 37. und 40.⁰ südl. Br.), *A. angustifolia* (Bertoloni) O. Ktze. (= *brasiliana Rich.*), (Hochebene von Südbrasilien), beide Arten ausgedehnte, überaus imposante Wälder (Bäume 40—60 m hoch) bildend, ferner *A. Bidwilli Hook. f.* (Ostaustralien).

Die Samen dieser Araukarien sind eßbar.

A. excelsa R. Br. (Fig. 9), Norfolktanne (Norfolkinsel), *A. Cookii R. Br.* und *A. Rulei F. v. Mueller* (Neukaledonien, hier noch drei weitere Arten), sowie die in Ostaustralien heimische *A. Cunninghamii Ait.*

Fast alle Araukarien werden bei uns in Gewächshäusern kultiviert, am häufigsten *A. excelsa* (als Topfpflanze, Zimmertanne); *A. araucana*, die Chiletanne, gedeiht bei uns in milden Lagen (Mainau a. Bodensee), sowie in der Nähe der Meeresküste (England, Havre, Rügen) im Freien.

5. Familie: *Pinaceae (=Abietaceae)*

Charakteristik der Familie s. Übersicht S. 21.

Übersicht der Gattungen:

a) Nur Langtriebe vorhanden, mit spiralig gestellten, mehrjährigen Nadeln:
  1. Nadeln flach, Blattnarbe[1]) ± rund, nicht polsterförmig.
    α) Zapfen aufrecht, zerfallend (Fig. 10): . . . . *Abies.*
    β) Zapfen aufrecht, nicht zerfallend: . . . . *Keteleeria.*
    γ) Reife Zapfen hängend, nicht zerfallend.
      † Deckschuppe kürzer als Fruchtschuppe, daher am Zapfen nicht hervorragend . . . . . *Tsuga.*
      †† Deckschuppe länger als Fruchtschuppe, daher am Zapfen hervorragend (Fig. 10) . . *Pseudotsuga.*
  2. Nadeln vierkantig oder flach, reife Zapfen stets hängend mit kleinen verborgenen Deckschuppen, Blattnarbe polsterförmig, ± rhombisch . . . . *Picea.*

b) Langtriebe und Kurztriebe vorhanden.
  1. Kurztriebe vielnadelig.
    α) Nadeln mehrjährig, Samenreife 2—3jährig, Zapfen zerfallend . . . . *Cedrus.*
    β) Nadeln einjährig, Samenreife 1jährig.
      † Nadeln schmal, ♂ Bl. einzeln, Zapfen bei der Reife nicht zerfallend . . . . *Larix.*

---

[1]) Merke: Blattnarbe kreisförmig: Abies; rhombisch: *Picea*; halbkreisförmig: *Tsuga*; querelliptisch: *Pseudotsuga.*

†† Nadeln breit, ♂ Bl. in doldigen Büscheln *Pseudolarix.*

2. Kurztriebe 2—5nadelig (selten mehr), Nadeln mehrjährig . . . . *Pinus.*

Abies *Juss.*, Tanne

Blattnarbe kreisrund, nicht erhaben, Zapfen aufrecht, zerfallend, Deckschuppen so lang oder länger als die Fruchtschuppen, Samenschale mit Harzlücken, Samenflügel mit dem Samen verwachsen und denselben auch unterseits teilweise deckend, Keimblätter 4—8, Primärblätter etwas kleiner, mit den Kotyledonen alternierend, Holz keine Harzkanäle enthaltend, Markstrahlen (Tangentialschnitt) einreihig, ohne Markstrahltracheiden (Radialschnitt, Fig. 15).

ca. 40 Arten der nördlich gemäßigten Zone beider Welten.

Europa: *Ab. alba, cephalonica, pinsapo, Nordmanniana.*

Nordafrika: *Ab. numidica.*

Asien (Festland): *Ab. Nordmanniana, cilicica, holophylla, spectabilis (= Webbiana), Pindrow, sibirica.*

Japan: *Ab. firma, homolepis, Veitchii, Mariesii, sacchalinensis.*

Nordamerika, Westen: *Ab. amabilis, lasiocarpa, nobilis, concolor, venusta (= bracteata), grandis, magnifica, balsamea.*

N.-A., Osten: *Ab. Fraseri, balsamea.*

N.-A., Süden: *Ab. religiosa, lasiocarpa (= arizonica).*

Manche der ausländischen Tannen vertragen unser Klima in nicht zu rauhen Lagen recht wohl, bes. *Ab. Nordmanniana, cilicica, Veitchii, balsamea, concolor, grandis, firma* u. a., einige, z. B. *Ab. spectabilis, Ab. lasiocarpa, Ab. balsamea, Ab. sibirica, Ab. nobilis* usw., noch mehr *Ab. religiosa,* krüppeln selbst in den mildesten Lagen Deutschlands.

Die meisten Tannen machen große Ansprüche an Bodenfrische, vertragen aber viel Schatten.

Die Nadeln der meisten Tannen sind je nach Alter des Baumes und dem Grad der Beschattung des Baumteiles sehr

Fig. 10. Zapfen von Tanne, Douglasie und Fichte. Aus: Neudammer Forstl. Lehrb., 11. Aufl.

verschieden gestaltet. Im Schatten, bei jungen Pflanzen auch im Licht, sind die Nadeln der meisten Arten gescheitelt (Fig. 13a), flach, stark dorsiventral gebaut (Spaltöffnungen nur auf der Unterseite in meist weißen Streifen, Palisadengewebe nur auf der Oberseite) (Fig. 14). Die auf der oberen

Seite der Seitentriebe inserierten Nadeln sind kürzer als die unteren (Anisophyllie). Die Oberhaut und Unterhaut (Hypo-

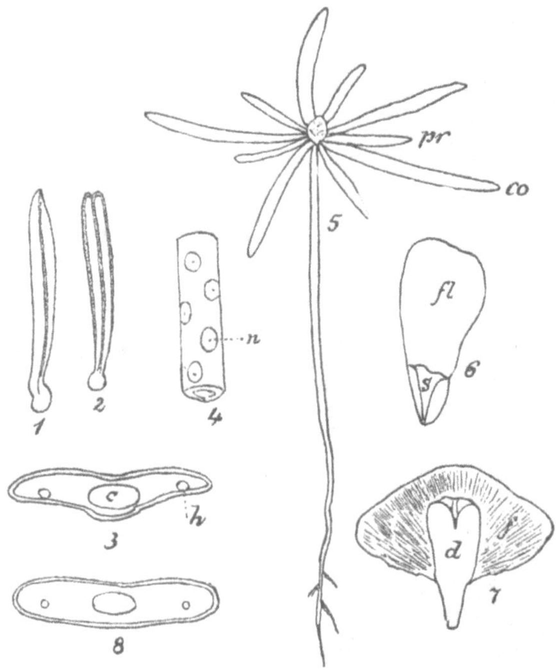

Fig. 11. *Abies alba* Mill. (außer 8).

1 Nadel am Leittrieb (1/1); 2 Nadel eines Seitentriebs (1/1); 3 Querschnitt durch eine Nadel (Lage der Harzgänge) (6/1); 8 Querschnitt durch eine Nadel von *Ab. balsamea* (Harzgänge im Parenchym) (6/1); 4 Zweigstück mit kreisrunden Blattnarben (1/1); 5 Keimpflanze mit 5 Kotyledonen und 5 Primärblättern (1/1); 6 Same mit Flügel (von der Unterseite gesehen) (1/1); 7 Zapfenschuppe von außen, *d* Deckschuppe, *f* Fruchtschuppe (1/1)

derm) sind schwach entwickelt, die Spitzen zumeist gekerbt. Die Sonnennadeln, besonders im Wipfel älterer Bäume, stehen dichter und sind unter säbelförmiger Aufkrümmung lotrecht aufwärts gerichtet (Fig. 13b); ihre Anisophyllie ist geringer. Sie tragen stärkere Wachsausscheidungen, stärkere Hypodermschicht und stärkere Wandverdickungen als die Schatten- und Jugendnadeln. Die zahlreicheren Spaltöffnungen stehen oft auf beiden Seiten, ebenso das Palisadenparenchym (Fig. 14). Die Nadelspitze ist nie gekerbt. Ausnahmen: *Abies pinsapo*, alle Nadeln gleichmäßig radiär abstehend, *A. numidica*, Nadeln nur an der unteren Triebseite gescheitelt.

Dieser abweichende Bau der Schatten- und Sonnennadeln ist als Anpassung an verschiedene Beleuchtung und Verdunstung aufzufassen.

Abies alba Miller (= *Abies pectinata DC*)

Die Weißtanne (Edeltanne) ist einer unserer schönsten Waldbäume.

Nadeln am Haupttrieb spitz und allseitig abstehend; an Seitentrieben sind die Jugend- und Schattennadeln gescheitelt und an der Spitze gekerbt, an der Unterseite mit zwei weißen Streifen, oberseits glänzendgrün. ♂ Blüten gelb, Kätzchen in der Achsel einer Nadel, auf der Unterseite des Tragzweiges. ♀ Blüten an anderen (meist kräftigeren) Tragzweigen, an der Oberseite derselben, gelbgrüne Zapfen bildend, deren Deckschuppe zur Blütezeit länger als die Fruchtschuppe und etwas nach außen gebogen ist (Fig. 11,$_7$). Am reifen Zapfen ragt nur noch der oberste Teil der Deckschuppen zwischen den inzwischen herangewachsenen Fruchtschuppen hervor.

Nach dem Zerfall des Zapfens (Oktober) bleiben die kahlen Zapfenspindeln noch monate- oder jahrelang am Baum aufrecht stehen (Fig. 12). Samen dreikantig, ca. 1 cm lang, braun, Flügel keilförmig, 2—3mal so lang, glänzend gelbviolett, den Samen größtenteils umhüllend (Fig. 11). Samenschale reich an Harzdrüsen.

Keimblätter 5—6, ca. 2—3 cm lang, mit den weißen Streifen auf der Oberseite. Mit den Keimblättern alternieren ebenso viele, aber halb so lange Primärblätter, von normalem Bau, d. h. Spaltöffnungsreihen unterseits.

Das Höhenwachstum ist zuerst sehr langsam, später rasch und nachhaltig. Höchste Höhe 60(—70?) m. Höchstes Alter 500—800 Jahre.

Lebensdauer der Nadeln 8—11 Jahre und mehr.

Fig. 12. Blütenzweige von Weißtanne.
♀ mit stehenbleibenden Zapfenspindeln, ♂ mit Resten der männlichen Blüten.

Rinde weißgrau, lange Zeit glatt, mit Harzbeulen; später bilden sich ± rechteckige Borkenschuppen.

Wurzel in tiefgründigem Boden tiefgehend (ca. 1 m lange Pfahlwurzel), daher sturmfester als die Fichte. In steinigem Boden unterbleibt die Bildung einer Pfahlwurzel. Wurzelverzweigung ziemlich schwach — extensives Wurzelsystem.

Holzanatomie, s. Gattungscharakteristik S. 32.

Ansprüche der Tanne an

a) Boden und Feuchtigkeit: groß (die Tanne braucht dreimal soviel Kalium, eineinhalbmal soviel Phosphorsäure und ebensoviel Feuchtigkeit wie die Fichte).

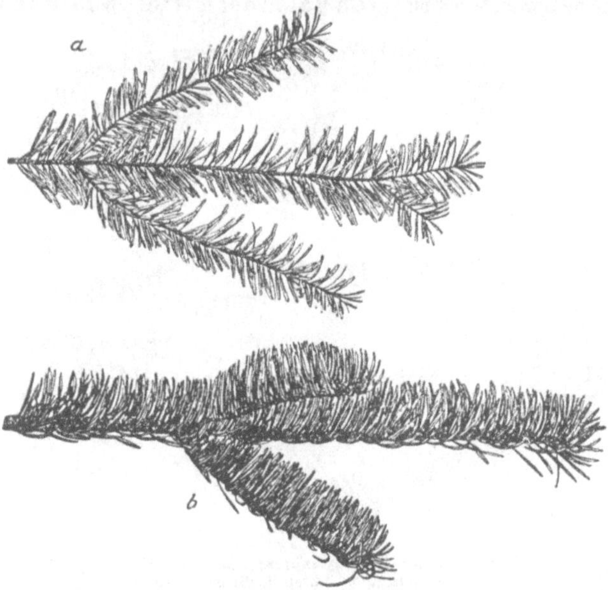

Fig. 13. *Abies Nordmanniana.*
a stark beschatteter Zweig von oben, b Lichtzweig von der Seite gesehen

b) Wärme: mäßig, aber frostempfindlich, Spätfröste und strenge Winter (1928/29, 1939/40) können der Tanne gefährlich werden.

c) Luftfeuchtigkeit: groß.

d) Licht: gering (ausgesprochene Schattenholzart). Die Tanne hat eine vorzügliche Fähigkeit, sich nach langer Beschattung auf Freistellung zu erholen.

Die Tanne wird sehr vom Wild verbissen, erholt sich aber leicht, da sie reichlich aus schlafenden Augen austreibt.

Geographische Verbreitung: s. Übersichtskarte. An der Nordgrenze geht die Tanne auf feuchteren Stellen in die Ebene herab, sonst ist sie ein Baum der Mittel- und Hoch-

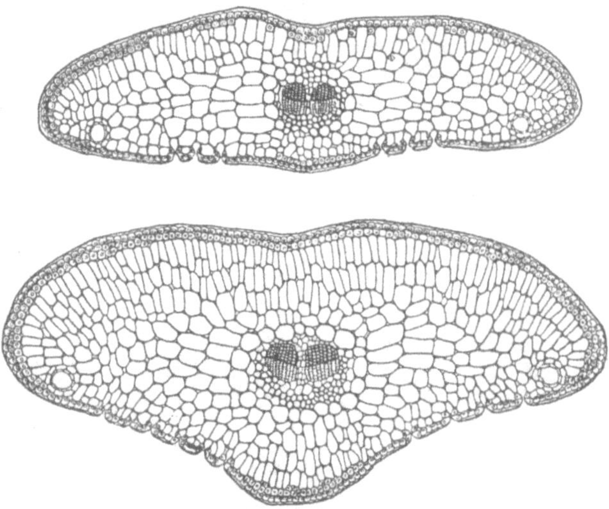

Fig. 14. *Abies Nordmanniana*, Nadelquerschnitt. Oben Schatten-, unten Lichtnadel. 40 : 1.

gebirge (Thüringer Wald und Erzgebirge bis 800, Schwarzwald und Böhmerwald bis 1200, Pyrenäen bis 2000 m ü. M.).

Die Weißtanne wird seit mehreren Jahrzehnten in zunehmendem Maße von Nadel- und Rindenläusen befallen und getötet.

Auch Industriegase und strenge Winter (1928/29, 1939—42) haben ihre Widerstandskraft geschwächt. Da zugleich Kahlschlagwirtschaft und überhöhte Wildstände ihre Verjüngung erschweren, ist ihr Bestand in Mitteldeutschland vielfach gefährdet, während sie am Alpenrand, im Schwarzwald und den Vogesen bei richtiger Wirtschaft nach wie vor freudig gedeiht. Die Erhaltung dieser edlen und durch ihre tiefen Wurzeln und weicheren Nadeln gegenüber Fichte auch bodenbessernden Holzart ist eine Ehrenpflicht unserer Forstleute.

Die Variationsfähigkeit der Tanne ist nicht bedeutend. Häufigere Spielarten sind: Hänge- oder Trauertanne, Schlangentanne (Äste wenig verzweigt), Säulentanne (Wuchs ähnlich Pyramidenpappel).

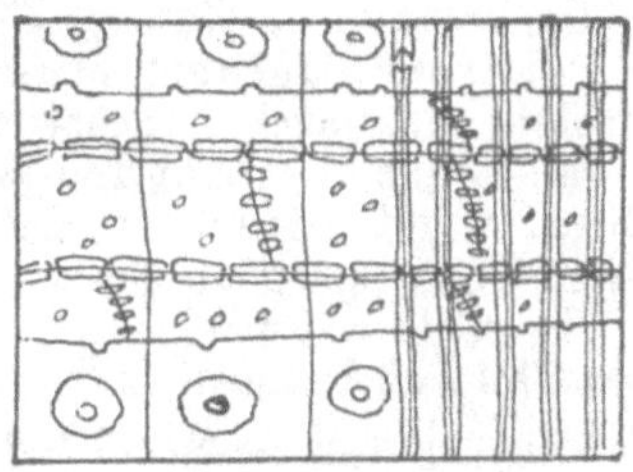

Fig. 15. Radialer Längsschnitt durch Tannenholz (schematisch). Der Markstrahl besteht nur aus parenchymatischen Zellen (stark vergrößert).

Abies Nordmanniana Spach.

Nordmannstanne

Nadeln länger und breiter, nur an stark beschatteten Trieben (Fig. 13a) zweizeilig, sonst mit der Spitze der Zweigspitze zugewandt oder, an Sonnentrieben älterer Bäume (Fig. 13b), bürstenartig aufwärts gerichtet. 3—4 Endknospen an den Zweigspitzen, deshalb dichtere Verzweigung als bei der Weißtanne, die nur deren 3 hat. Im freien Stand erhält sich die tiefe Beastung länger als bei der Weißtanne. Die Knospen schlagen 14 Tage später aus und sind daher den Spätfrösten weniger ausgesetzt. Ansprüche an den Boden etwas geringer. In der Jugend trägwüchsig.

Heimat: Westlicher Kaukasus, zusammen mit *Picea orientalis* oder in reinen Beständen, bis 2000 m ü. M., sowie in angrenzenden Gebirgen Kleinasiens; seit 1848 nach Europa eingeführt, ist sie eine der schönsten Tannen unserer Gärten und Parke, hat aber in der Forstkultur nur wenig befriedigt.

Abies cephalonica Loudon

(mit den Varietäten: *A. Apollonis Lk.* und *Ab. Reginae Amaliae Held).*

Die griechische Tanne gleicht in der Dichte der Verzweigung der Nordmannstanne, besitzt aber stechend spitze, mehr abstehende Nadeln; treibt früh aus, daher nur für milde, frostfreie Lagen geeignet. Parkbaum, als Ersatz für die Nordmannstanne geeignet, da sie nicht wie diese von der Nadellaus befallen wird.

Abies pinsapo Boissier

Die spanische Tanne, sehr wohl charakterisiert durch ihre kurzen, derben, stumpflichen, sehr dicht gestellten und auch an Schattenrieben allseitig senkrecht vom Zweig abstehenden, am Grund nicht gedrehten Nadeln, erinnert infolge ihrer sehr regelmäßigen, fast quirligen Verzweigung an gewisse Araukarien.

Heimat: Südspanien, wo sie ein sehr kleines Areal bestandbildend besiedelt (zwischen 1000 und 1700 m).

Empfindlich gegen Winterfrost; daher nur für mildeste Lagen geeignet. Die in deutschen Parks stehenden spanischen Tannen haben häufig säbelförmigen Wuchs. Auch in ihrer Heimat nimmt die Pinsapotanne, wenn sie 100 Jahre und älter wird, eine sehr unregelmäßige Wachstumsform an; sie gleicht dann mehr einem Laubbaum (etwas einer knorrigen Eiche) als einer Tanne (Fig. 16).

Die numidische Tanne, der vorigen nahestehend, vom Habitus der Nordmannstanne, von *A. Pinsapo*, mit welcher sie oft vereinigt wird, durch längere (16—22 mm), flache, am Grund gedrehte, an der Zweigunterseite gescheitelte, an der Oberseite allseitig abstehende Nadeln unterschieden, wächst in den Gebirgen Algeriens, zusammen mit der Atlaszeder, in Meereshöhen von 1600 bis 2000 m; bei uns ziemlich winterhart.

Zwischen *Ab. numidica* und *Ab. pinsapo* steht die in Marokko wachsende Art: *Ab. maroccana.*

Abies cilicica Carr.

Die cilicische Tanne, von *A. cephalonica* durch längere, an der Spitze gekerbte (25—30 mm) Nadeln unterschieden, bildet im Libanon zusammen mit der Libanonzeder ausgedehnte Bestände (1300—2000 m). Habitus ähnlich Nordmannstanne, aber zierlicher; gedeiht in deutschen Gärten gut, wenn sie auch hier und da unter Spätfrösten etwas leidet, raschwüchsig und empfehlenswert.

Ab. Webbiana Lindl. (= *Ab. spectabilis*), Sikkimtanne, und *Ab. Pindrow (Royle) Spach*, Pindrautanne, stammen aus dem nordwestlichen Himalaja, wo sie zusammen mit der Himalajaweymouthskiefer und der Morindafichte bestandbildend auftreten. Beide sind in der Jugend sehr frostempfindlich und gedeihen daher in Europa nur in den mildesten Lagen.

Fig. 16. Gruppe von alten Pinsapotannen in dem einzigen noch existierenden größeren Pinsapobestand in der *Sierra de las nieves* (Südspanien).

Abies concolor Lindl. et Gord. (inkl. *Ab. lasiocarpa Lindl.*), Koloradotanne, *White fir*

Sie hat ihren Namen „*concolor*" daher, daß die langen, biegsamen, säbelförmig nach oben gebogenen Nadeln beiderseits „gleichfarbig", mattgrün sind, indem sowohl Ober- wie Unterseite Spaltöffnungsreihen tragen.

Die schöne Tanne ist heimisch in den Gebirgen Kaliforniens und Kolorados, wo sie auf günstigen Standorten (bei hoher Luft- und Bodenfeuchtigkeit) riesige Höhen erreicht (über 70 m). Auch manche der in Deutschland angebauten Stücke sind sehr raschwüchsig, andere wachsen nur langsam. Es dürfte sich dabei um verschiedene Standortsrassen handeln.

Fig. 17. Zapfen von *Abies nobilis*.

var. violacea hort. mit weißblauen Nadeln, von hohem Schmuckwert.

var. lasiocarpa Engelm. und *Sarg.* aus der Sierra Nevada, hervorragend raschwüchsig, in der Jugend etwas empfindlich.

Hinsichtlich des Merkmals der Gleichfarbigkeit der Nadeln (auf Ober- und Unterseite) stimmen mit der Koloradotanne noch folgende Arten überein:

Ab. magnifica Murr., Shastatanne

Nadeln dick, steif, fast vierkantig (dadurch an Fichtennadeln erinnernd), bläulich, besonders bei *var. glauca hort.*; Deckschuppen der reifen Zapfen versteckt; Äste kurz, auffallend waagrecht etagenförmig angeordnet; langsamwüchsig, zwar spät austreibend, gleichwohl in der Jugend frostempfindlich. Heimat: Shastagebirge in Kalifornien, 1500—3000 m ü. M.

Ab. nobilis Lindl., Pazifische Edeltanne, *Red fir*

Untere Nadeln der Triebe länger und sichelförmig nach oben gekrümmt, Nadeln der Trieboberseite kürzer, an Schattenzweigen flach nach vorne gestellt und an der Spitze aufgekrümmt, an Lichtzweigen aufgerichtet; Deckschuppen der sehr großen walzigen Zapfen breit und weit vorragend, aber zurückgeschlagen (Fig. 17). Heimisch im Oregongebirge (zusammen mit *Ab. amabilis*), eine der höchsten Tannen Amerikas (bis 60 m), bei uns winterhart, spät austreibend und daher gegen Spätfröste unempfindlich, aber aus Samen schwer aufzuziehen. Besser gedeihen Veredlungen oder Ableger. Erstere freilich zeigen häufig sehr unregelmäßigen Wuchs.

Bei den folgenden drei amerikanischen Arten befinden sich die Spaltöffnungsreihen nur an der Nadelunterseite:

Abies amabilis Forbes, Purpurtanne, *Red fir*

So genannt nach der Purpurfarbe der Zapfen, deren Deckschuppen versteckt sind. Nadeln an der Zweigoberseite bürstenartig gehäuft (ähnlich der Nordmannstanne) und nach vorn gerichtet (Unterschied von *A. nobilis* und *A. magnifica*). Heimat: Kaskadengebirge Nordamerikas zwischen 1300 und 1600 m ü. M., wird häufig mit der Shastatanne verwechselt. Bis jetzt in Europa meist in krüppeligen Exemplaren vorhanden. Die Knospen verharzen leicht (durch Frost).

Abies grandis Lindl. et Gord. (=*Ab. Gordoniana Carr.*), Große Küstentanne, *White fir*

Nadeln sehr lang (3—5$^1/_2$ cm), Schatten- und Jugendnadeln sehr deutlich gescheitelt; Anisophyllie sehr deutlich; Knospen junger Pflanzen violett, Zapfen rein braun mit versteckten Deckschuppen. Die größte der amerikanischen Tannen (bis 92 m) auch bei uns äußerst wüchsig, findet sich in Gesellschaft von Erlen und Pappeln längs der westamerikanischen Küste von Nordkalifornien bis Vancouver, braucht höhere Feuchtigkeit.

Abies venusta K. Koch (= *bracteata Don.*), Santa-Lucia-Tanne, *Silver fir*

Deckschuppen der Zapfen in 2,5—4 cm lange, nadelähnliche Fortsätze verlängert, Nadeln stechend spitz, ziemlich breit. Im südlichen Kalifornien. Kommt in Europa außer in mildesten Lagen kaum vor.

In keiner Weise eignen sich für die Kultur in unserem Klima *A. arizonica Merr.*, die Korktanne, aus Arizona, mit weißer birkenartiger Korkrinde, und *Ab. religiosa Lindl.*, in den Gebirgen Mexikos und Guatemalas heimisch.

Die Balsamtannen, in Amerika „*balsam fir*“ genannt: *Ab. balsamea Mill.*, *Ab. lasiocarpa (Hook.) Nutt.* (= *subalpina Engelm.*) und *Ab. Fraseri (Pursh) Poir.* unterscheiden sich von den oben betrachteten, riesige Dimensionen erreichenden amerikanischen Tannen u. a. dadurch, daß sie zeitlebens verhältnismäßig klein bleiben (die höchste Höhe erreicht *Ab. lasiocarpa* mit im günstigsten Fall 30 m), vielfach treten sie sogar nur strauchartig auf. Während *Ab. lasiocarpa* auf das westliche Nordamerika beschränkt ist, sind *A. Fraseri* und *A. balsamea* die einzigen Vertreter der Gattung *Abies* im atlantischen Teil der Union. Der in den Handel kommende Kanadabalsam stammt von den beiden letztgenannten Arten (sowie von *Tsuga canadensis*).

Ab. balsamea hat glänzende mit Harz überzogene Knospen und etwas gebogene unregelmäßig zweizeilig angeordnete Nadeln (beim Zerreiben sehr aromatischer Geruch!); sie ist über die ganze nördliche Union verbreitet vom Atlantischen bis zum Stillen Ozean, auf Bergen (mit *Picea nigra*) sowie in Sumpfgegenden (zusammen mit *Picea alba*). Deckschuppen der reif blaugrauen Zapfen ± versteckt. *Abies Fraseri*, der vorigen sehr nahestehend (viele der in Europa als *Ab. Fraseri* kultivierte Tannen sind nichts anderes als *Ab. balsamea*), mit weit vorragenden Deckschuppen der reif blauschwarzen Zapfen, waldbildender Gebirgsbaum der Alleghanies und Nordkarolinas (zusammen mit *Picea nigra*), aber kurzlebig und daher als Parkbaum wertlos. *Ab. subalpina*, die westamerikanische Balsamtanne, mit kaum sichtbaren Deckschuppen an den reif olivengrünen Zapfen und einer an die östliche Balsamtanne erinnernden Benadelung, heimisch im Kaskadengebirge, Kolorado und Alaska, an der Baumgrenze strauchartig, ist winterhart und gedeiht in unseren Gärten gut. Sie wirkt durch ihre blaue Nadelfarbe schmuckhaft, wächst aber langsam und leidet zuweilen an Knospenverharzung.

Von den ostasiatischen Tannen haben nur wenige Arten in unseren Gärten weitere Verbreitung gefunden; ziemlich winterhart ist:

Abies sibirica Ledeb. (= *Ab. Pichta Forb.*), die sibirische Pechtanne, heimisch im Altai (600—1300 m), sowie weiter nördlich bis an den Polarkreis, in der Jugend trägwüchsig, mit kurzer und schlaffer Beastung, harzigen Knospen und sehr dicht stehenden, schmalen Nadeln. Zapfen wie bei *Ab. balsamea.* Da sie sehr früh austreibt und deshalb durch Spätfrost gefährdet ist, eignet sie sich nur für höhere Gebirgsgegenden (z. B. Adlisberg bei Zürich, Bayrische Alpen usw.) und für sehr frostgeschützte Tallagen (Unterfranken).

Abies firma Sieb. et Zucc. (= *A. bifida Sieb. et Zucc.*) ist die schönste und größte Tanne Japans mit sehr charakteristischen, steifen, lanzettlichen, tief zweispitzigen, deutlich gescheitelten Nadeln, braucht mehr Wärme als unsere Tanne, weil sie in ihrer Heimat (Hondo) in der Kastanienzone wächst. Einzelne Stücke treiben früh aus, andere aber äußerst spät (Mitte Juni) und sind dadurch vor Spätfrost geschützt. Die der *Ab. firma* nahestehende *Ab. holophylla Maxim.* mit scharf stechenden, aber einspitzigen Nadeln ist in der Mandschurei heimisch.

In Japan ferner:

Ab. homolepis Sieb. et Zucc. (= *Ab. brachyphylla Maxim.*), horstbildend in Birken- und Eichenwäldern, mit ziemlich kurzen (13 bis 35 mm), zweispitzigen, an der Zweigoberseite tief gescheitelten, unterseits rein weißen Nadeln; Zweige mit Längsriefen längs der Blattkissen; braucht mildes Klima.

Abies Mariesii Mast., bestandbildend in Nordhondo, Nadeln nach vorn zu verbreitert, oberseits glänzend dunkelgrün, wird nicht höher als 25 m, ziemlich frosthart. Dieser Art steht wahrscheinlich nahe die noch wenig bekannte *Ab. nephrolepis Max.* (Mandschurei).

Abies Veitchii Lindl., in Zentraljapan, südlich vom 39. Grad in 2000 m Meereshöhe, nach der Form der Zapfen in zwei Varietäten (*typica* und *Nikkoensis*), Nadeln sehr dicht, unterseits sehr auffallend weiß, früh austreibend, sonst ziemlich hart, verhältnismäßig „rauchhart" und deshalb in der Stadtluft aushaltend.

Abies sacchalinensis Masters, vielfach nur als Varietät der vorigen aufgefaßt, aber weiter nördlich (Inseln Sacchalin, Kurilen und Eso) heimisch; tritt auch in zwei nach der Zapfenform unterschiedenen Varietäten auf; winterhart, aber spätfrostempfindlich.

Abies umbilicata Mayr., bildet den Übergang von *A. homolepis* zu *A. firma* (Längsrippen am jungen Trieb, doppelspitzige Nadeln), mit genabelter Zapfenspitze. Buchenregion Japans.

Keteleeria Carr.

Drei Arten im südlichen China; die Gattung ist von *Abies* unterschieden durch nicht zerfallende, aber auch aufrechte, Zapfen. Fruchtschuppen, Deckschuppen (nicht hervorragend) Samen, Nadeln und Habitus wie bei Abies.

Die *Keteleeria*-Arten ertragen unser Klima nicht. In Norditalien findet sich *K. Fortunei Carr.* in Kultur.

Tsuga *Carr.*[1]), Hemlockstanne

14 Arten in Nordamerika, Ostasien und Himalaja; allgemeine Merkmale:

Blattnarbe halbkreisförmig, auf erhabenem Polster, Nadeln mit kurzem Stiel versehen, im Querschnitt mit nur einem Harzgang unter dem Gefäßbündel (im Herbar abfallend). Zapfen klein, hängend, nicht zerfallend, Deckschuppe kürzer als Fruchtschuppe (Fig. 18), Samenschale mit Harzlücken, Same mit dem Flügel verwachsen, Keimblätter drei, Holz ohne Harzkanäle, Markstrahlen wie bei Picea (s. d.).

Fig. 18.

Fig. 19.

Fig. 18. *Tsuga canadensis.* Zweig mit Zapfen. — Fig. 19. *Pseudotsuga taxifolia.* Zweig mit Zapfen.

Als Parkbaum ist am meisten verbreitet

Tsuga canadensis Carr., Hemlockstanne, Schierlingstanne (Fig. 18, 20)

Zweige behaart, Nadeln vorn etwas gezähnt und schmäler als an der Basis, an der Spitze abgerundet, Nadeln der Oberseite kürzer als die der Zweigunterseite (10—15 mm); Oberseite der Nadeln grün, Unterseite mit zwei weißen Streifen. Heimat kälteres Nordamerika; bei uns durchaus winterhart; neigt im Freistand zur Gabelung des Hauptstammes.

Tsuga Mertensiana Carriere

Zweige behaart, Nadeln nach vorn nicht verschmälert, oberseits dunkelgrün, unterseits graugrün, 15—22 mm lang, an der Spitze nicht gekerbt. Dieser Baum vertritt die Schierlings-

[1]) *Tsuga*, ein japanischer Name; s. *Ts. diversifolia.*

tanne westlich des Felsengebirges, ist weniger hart als vorige, aber wegen der reichen Benadelung, der besseren Stammform und der größeren Wachstumsgeschwindigkeit als Parkbaum geschätzt.

Tsuga Pattoniana Engelm. Nadeln etwas sichelförmig gebogen, oben und unten graugrün, nicht zweizeilig gestellt; westliches Nordamerika.

Wenig verbreitet ist ferner die gleichfalls aus Amerika stammende *Tsuga Caroliniana Engelm.*

Asiatische Tsugen sind:

Tsuga dumosa Eichl. (= *Brunoniana Carr.*) Himalaja 2600 bis 3500 m, sehr frostempfindlich.

Tsuga Sieboldi Carrière, die einzige *Tsuga* ohne Behaarung an den jungen Trieben; Nadeln ähnlich der folgenden, aber weniger ungleich; Heimat: japanische Inseln; in Deutschland in milden Lagen hart, aber trägwüchsig.

Tsuga diversifolia Maxim. Nadeln auffallend breit, oft an der Spitze breiter als an der Basis, von sehr verschiedener Länge (5—12 mm), vorn sehr deutlich gekerbt, auf der Oberseite wie lackiert; Heimat Japan, aber höher in die Gebirge aufsteigend und härter als vorige.

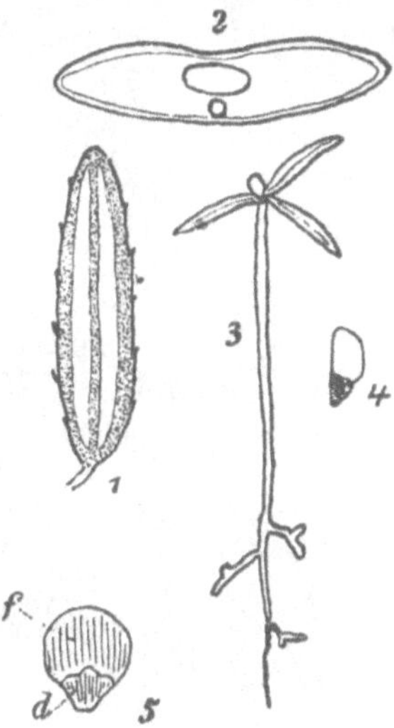

Fig. 20. *Tsuga canadensis.*
1 Einzelne Nadel ($^2/_1$); 2 Nadel im Querschnitt mit nur einem Harzgang ($^{10}/_1$). 3 Keimling ($^1/_1$); 4 Same ($^1/_1$); 5 Zapfenschuppe ($^1/_1$), *d* Deckschuppe, *f* Fruchtschuppe.

Pseudotsuga *Carr.*, Douglasie

Blattnarbe querelliptisch auf niedrigem Polster; Nadeln mit zwei Harzgängen (im Herbar nicht oder nur z. T. abfallend); Zapfen hängend, nicht zerfallend; Deckschuppe dreispitzig und weit über die Fruchtschuppe vorragend (Fig. 19), Samen mit sehr kleinen Harzdrüsen (in der Samenschale), hartschalig, an der vom Flügel nicht bedeckten Seite weißlich, ± gestrichelt, Keimblätter 5—8, das lärchenähnliche Holz mit Harzkanälen und dunklem Kern, Markstrahlen ähnlich Fichte (Fig. 24), Tracheiden mit spiraligen Wandverdickungen, schwer und dauerhaft.

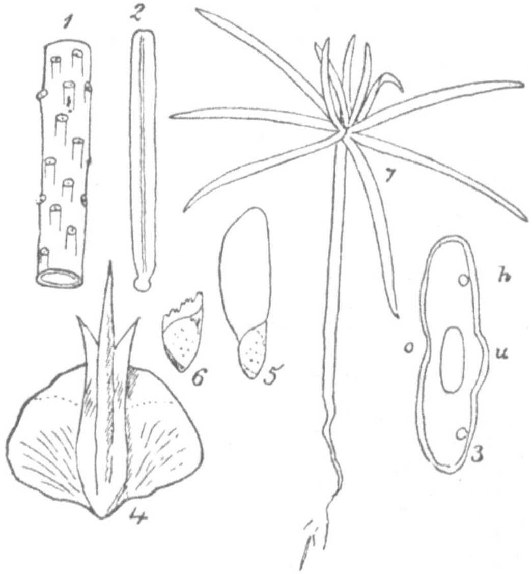

Fig. 21. *Pseudotsuga taxifolia.*

1 Zweigstück mit Blattnarben (quer-oval) (1/1); 2 Nadel (1/1); 3 Querschnitt durch die Nadel, *O* Oberseite, *U* Unterseite (10/1); 4 Zapfenschuppe von außen, die dreiteilige Deckschuppe überragt die runde Fruchtschuppe (1/1); 5 Same mit Flügel, Unterseite punktiert; 6 Same ohne Flügel (1/1); 7 Keimling mit 6 Kotyledonen und mehreren Primärblättern (1/1).

Ps. taxifolia Britt. = *Ps. Douglasii Carr.*, Douglastanne, Douglasfichte, Douglasie (Fig. 19, 21, 22)

Verbreitung in der Heimat vom 34.—52. Grad n. Br. und vom Stillen Ozean bis über das Felsengebirge; am besten auf frischem, mildem, humösem Lehmboden gedeihend; auf magerem Sandboden, in stagnierender Nässe oder strengem

Tonboden kümmert die Douglasie. Ansprüche an Licht mäßig (etwa gleich Fichte).

Die Douglasie bildet in ihrem großen, über die verschiedenartigsten Klimastriche ausgedehnten Verbreitungsgebiet eine große Zahl von Standortrassen und Spielarten, die sich in folgende Varietäten oder Unterarten gruppieren lassen:

Fig. 22. 51jähriger Douglasienbestand in Freising.

Ps. taxifolia viridis, die (grüne) Küstendouglasie, längs der pazifischen Küste Nordamerikas.

Nadeln dunkelgrün, Krone des jungen Baumes locker, Äste fast waagerecht, Zapfen größer als bei der folgenden, Deckschuppen nicht zurückgekrümmt. Verlangt je nach der geographischen Breite des Herkunftsortes ± lange Vegetationszeit und milden Winter. Die südlichen Herkünfte (Kalifornien, südl. Oregon) sind bei uns zu empfindlich gegen Herbst- und Winterfrost. Die Küstendouglasie nördlicher Herkunft (nördliches Oregon, Washington, Brit. Columbia) ist in Deutschland hinreichend winterhart, wenn sie auch in der Jugend, solange sie Johannistriebe bildet, zuweilen erfriert.

Die Küstendouglasie ist äußerst raschwüchsig und ertragreich. In der Heimat wird sie bis zu 90 m hoch, mit 2000 fm Holzvorrat je Hektar. In Deutschland übertrifft sie auf gleichem Standort die Wuchsleistung der Fichte um über 100% (laufender Derbholzzuwachs bis 35 fm je Jahr und Hektar, durchschnittlich 80 cm lange Jahrestriebe auf gutem Standort, Fig. 22). Sie ist unempfindlich gegen Sommerdürre, Wurzelpilz und Insekten, aber gefährdet durch Schneedruck und Sturm, und leidet unter Zugwind. In Europa wächst sie am besten im atlantischen Klima des Westens (England, Dänemark, Niederlande, Westdeutschland).

Leider ist der früher sehr hoffnungsreiche Baum in letzter Zeit durch einen Nadelpilz, *Phaeocryptopus (Adelopus) Gäumanni*, den Erreger der Schweizer Douglasienschütte, der ihm aus seiner Heimat nachgewandert ist, sehr gefährdet. Trotzdem bleibt die Küstendouglasie die wertvollste Erwerbung unter den ausländischen Holzarten zur Bereicherung unseres artenarmen Waldes.

Ps. taxifolia glauca (blaue Douglastanne), die kontinentale Gebirgsform, neuerdings meist als selbständige Art *Ps. glauca Mayr* betrachtet.

Nadeln oft bläulich (silberblau bis graublau) bereift. Zapfen kleiner als bei der vorigen, Deckschuppen zurückgekrümmt. Zweige steil nach oben gerichtet, Krone dicht, schmal, spitz. „Je trockner und sonniger (höher, kontinentaler und südlicher) der heimatliche Standort, desto schmäler, spitzer und dichter die Krone, desto blauer bei der Mehrzahl der Bäume die Nadeln.“ Wuchs je nach der Vegetationsdauer des Herkunftsortes verschieden, meist geringer als bei den Küstenformen, doch wurden auch sehr wüchsige blaue Rassen gefunden.

Die meisten Rassen sind winterhart, aber wegen frühen Austreibens durch Spätfrost gefährdet.

Forstlich ist die blaue Douglasie im ganzen weniger wertvoll, im Park ist sie als Zierbaum geschätzt.

Die *var. caesia Schwerin*, aus dem Norden des Verbreitungsgebietes, ist winterhart, aber weniger raschwüchsig als die grüne Küstendouglasie, der sie in der Tracht ähnelt. Sie eignet sich mehr zum Anbau im nördlichen Europa.

Zahlreiche Wuchsformen und Spielarten.

Durch den oben genannten sowie einen weiteren Nadelpilz, *Rhabdocline pseudotsugae* (Eberswalder Douglasienschütte) sind die meisten blauen und grauen Varietäten noch mehr gefährdet als die grünen, so daß sie nicht mehr empfohlen werden können.

Unwichtig: *Ps. macrocarpa Mayr.*, mit viel größeren (8—15 cm langen) Zapfen; südliches Kalifornien, braucht Weinklima.

Die japanische Douglasie (*Ps. japonica Shirasawa*) ist in Europa bisher nicht kultiviert.

Picea Link, Fichte

Allgemeine Merkmale: Blattnarbe rhombisch höckerförmig auf erhabenem Polster; Nadeln beim Trocknen der Zweige abfallend, Zapfen hängend, nicht zerfallend, später als Ganzes abfallend, Deckschuppen sehr klein, kaum erkennbar; Same von dem ihn löffelartig deckenden Flügel trennbar. Keimblätter 5—10, sichelartig aufwärts gewendet; Holz mit Harzkanälen, Markstrahlen teils einreihig, teils mehrreihig, mit Markstrahltracheiden.

22 Arten, wovon zwei in Europa, sieben in Nordamerika und die übrigen in Asien heimisch sind.

Die Gattung *Picea* zerfällt in zwei Sektionen:

Sekt. *Eupicea*· Nadeln vierkantig mit Spaltöffnungsreihen auf allen vier Seiten, Zapfen hängend — *P. excelsa, obovata, Mastersii, alba, nigra, rubra, pungens, Engelmanni, Breweriana, orientalis, Morinda, Morindioides, Schrenkiana, polita, bicolor, Wilsonii, Glehni, Tschonoskii.*

Sekt. *Omorica*, Nadeln tannenartig, zweiflächig, mit zwei Spaltöffnungsreihen auf der morphologischen Oberseite (Fig. $23,_8$) (die Nadeln sind meist an der Basis so gedreht, daß die Spaltöffnungen tragende Seite nach unten gewendet ist), Zapfen teils hängend, teils abstehend — *P. omorica, hondoensis, ajanensis, sitchensis.*

Licht- und Schattennadeln der Fichten zeigen ähnliche Bauunterschiede wie bei den Tannen beschrieben (s. S. 32).

Sektion *Eupicea*

Picea excelsa Link

Die Fichte (Rottanne) (Fig. 23) ist der wichtigste deutsche Waldbaum.

Charakteristik: Nadeln seitlich zusammengedrückt,

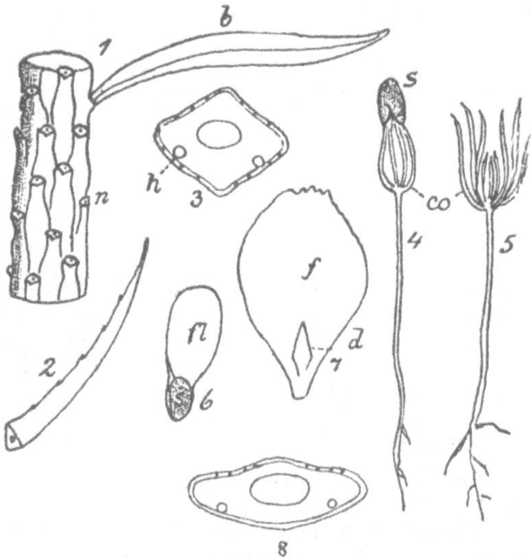

Fig. 23. *Picea excelsa Lk.* (außer 8).
1 Zweig mit rhombischen Blattnarben und einzelner Nadel ($^{3}/_{1}$); 2 oberer Teil eines Keimblattes ($^{10}/_{1}$); 3 Querschnitt durch eine Nadel (Spaltöffnungen allseitig) ($^{10}/_{1}$); 4 und 5 Keimlinge, bei 4 stecken die Kotyledonen noch in der Samenschale ($^{1}/_{1}$); 6 Samo mit Flügel ($^{1}/_{1}$); 7 Zapfenschuppe ($^{1}/_{1}$), *f* Fruchtschuppe, an deren Basis das Rudiment der Deckschuppe (*d*); 8 Querschnitt durch eine Nadel von *Picea omorica* ($^{10}/_{1}$) (Spaltöffnungen nur an der — meist nach unten gewendeten — Oberseite der Nadel).

steif, kurz, stachelspitzig, an Jugend- und Schattenzweigen ± horizontal ausgebreitet, an den Lichtzweigen älterer Bäume gekrümmt und bürstenartig aufwärts gerichtet. ♂ Blüten zuerst rot, erdbeerfarbig, beim Verstäuben gelb, ♀ vorzugsweise im oberen Teil der Krone, zuerst aufwärts gerichtet, nach der Bestäubung hängend. ♀ Blüten und unreife Zapfen grün oder rot bis violett (grünzapfige und rotzapfige Fichte); Keimblätter 5—10, aufwärts gekrümmt, 15—17 mm lang, dreikantig, an der oberen Kante sägezähnig.

Rinde rötlich (besonders bei gutem Wuchs), anfangs feinschuppig, später bei nachlassender Wuchskraft mit rundlichen Borkenschuppen versehen („Pfennigborke").

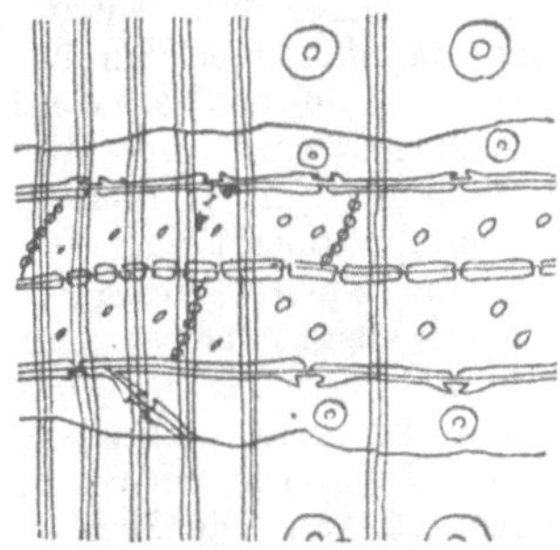

Fig. 24. Radialer Längsschnitt durch Fichtenholz (schematisch).
Der Markstrahl ist aus tracheidalen Zellen (oben und unten) und aus parenchymatischen Zellen (mittlere zwei Zellreihen) zusammengesetzt. Die tracheidalen Markstrahlzellen haben nicht gezackte Ränder (stark vergr.).

Wuchs anfangs langsam, später rasch und nachhaltig. Die Fichte kann bis zu 55 m Höhe und 2 m Dicke erreichen. Höchstes Alter bis 1000 Jahre (in Urwäldern). Lebensdauer der Nadeln 5—7, in kaltem Klima mehr Jahre. Ausschlagsvermögen (aus Zwischenknospen) groß, weshalb die Fichte den Wildverbiß und das Beschneiden gut verträgt.

Wurzeln auf schwerem, nassem oder dichtem Boden flach ausstreichend, auf lockerem, tiefgründigem Boden unregelmäßig tieferreichend.

Holz weiß, mit ungefärbtem, wasserarmem Kern (Fig. 24). Harzgänge kleiner und dickwandiger als bei der Kiefer.

Die Fichte verlangt wenig Wärme (sie geht bis zur oberen und polaren Baumgrenze), stellt geringe Ansprüche an Mineralgehalt und Tiefgründigkeit des Bodens, dagegen hohe Ansprüche an Feuchtigkeit (Regenmenge, Grundwasser, Wasserkapazität des Bodens). Ihr Lichtbedürfnis ist gering, aber höher als das der Tanne. Sie ist gefährdet durch Windbruch, bei flacher Bewurzelung auch durch Windwurf, Insekten (Rüssel- und Borkenkäfer, Nonnenraupe), leidet unter Stockfäule, weniger unter Stammfäule, in der Jugend auch unter Hallimasch. Gegen Sommerdürre und Rauchgase ist sie sehr empfindlich.

Geographische Verbreitung: s. Übersichtskarte 2.

In Deutschland geht sie i. allg. mit der Weißtanne zusammen, mit Ausnahme von Ostpreußen, wo sie ohne diese auftritt, dem Harz und einem inselartigen Vorkommen auf Mooren in Hannover. Im Norden der mitteldeutschen Gebirge geht sie mit der Tanne auf feuchteren Standorten bis zur Niederschlagsgrenze von 600 mm ins Tiefland herab (Sachsen und Schlesien). Im Norden und Osten bildet sie als kühlkontinentale Holzart auch in der Ebene große Wälder. Im Süden und Westen ihres Verbreitungsgebietes ein Gebirgsbaum (sie steigt höher als Tanne und Buche, nämlich 1000 m im Harz, 1400 m im Schwarzwald, 2200 m in der Schweiz). Durch Kultur ist ihr Verbreitungsgebiet besonders nach tieferen Lagen und wintermilden Westgebieten sehr erweitert worden.

Klimarassen: Die Fichten aus dem hohen Norden (auch als *var. medioxima* bezeichnet) und aus höheren Gebirgslagen haben (erblich) langsameren Wuchs und kürzere Vegetationsdauer als die aus milderen Lagen; die Hochgebirgsfichten außerdem stärkere Wurzeln, dickere Rinde, kürzere, steifere Nadeln und treiben früher aus. Die Zeit der Knospenentfaltung und damit die Spätfrostgefährdung ist individuell sehr verschieden (bis 4 Wochen und mehr im gleichen Bestand); in Frostlagen wiegen die Spätfichten vor.

Grünzapfige Fichten sind vorwiegend in tieferen Lagen beheimatet; sie treiben im großen Durchschnitt etwas später aus als rotzapfige. Meist sind beide Varietäten gemischt, etwa 10—20% grünzapfige in mittleren Lagen.

Verzweigungsformen: Die Fichte wechselt in der Anordnung der Zweige sehr nach Individuen. Man unterscheidet im mittleren Kronenteil älterer Bäume:

Kammtypus: Äste zweiter Ordnung wenig verzweigt, fransenartig schlaff herabhängend. Schneedruckfest, weil wenig Schnee auffangend.

Bandtypus und Plattentypus: Äste zweiter und höherer Ordnung in ± waagerechter Ebene angeordnet.

Bürstentypus: Äste höherer Ordnung unregelmäßig abstehend oder hängend.

Zwischen diesen Typen finden sich alle Übergänge.

Wenn bereits die Äste erster Ordnung kurz bleiben, entstehen schmal- und spitzkronige Formen („Spitzfichten“); solche pflegen infolge Auslesezüchtung durch Schneedruck in schneereichen Gebirgen (Alpenrand, deutsche Mittelgebirge) und im hohen Norden (Skandinavien) vorzuherrschen.

Häufigere Spielarten: Hängefichte, Schlangenfichte (Äste I. Ordnung wenig oder nicht verzweigt).

Als Kugelfichten oder Hexenbesenfichten werden jene Fichten bezeichnet, deren Gipfelregion in einen großen Hexenbesen umgewandelt ist. Die Fichtenhexenbesen sind nicht auf Pilzwirkung zurückzuführen. Anlage dazu erblich.

Fig. 25. Stamm einer jungen Stelzenfichte. Bayrischer Wald. Phot. von Oberf. Dr. Jentsch.

Wuchsformen: Schneidelfichte (in manchen Gegenden werden zur Streugewinnung die Äste abgenommen, die sich durch Klebäste ergänzen), Harfenfichte (ein durch Sturm geneigter, aber nicht entwurzelter Stamm trägt eine Anzahl von Sekundärstämmen), Senkerfichte (die unteren Äste haben Wurzel geschlagen), Stelzenfichte (besonders in Urwäldern, z. B. Böhmerwald, entstanden aus Anflug auf einem modernden Baumstumpf) (Fig. 25)[1].

[1]) Im Urwald verjüngt sich die Fichte hauptsächlich durch Keimung auf modernden Holzresten.

Die Haselfichte der nördlichen Alpen und des Böhmerwaldes (in 800 bis 1500 m und meist einzeln oder in kleinen Horsten auf Felsen wachsend) zeichnet sich nicht durch besondere Wuchsform, wohl aber durch eine eigentümliche Struktur des Holzes (fast gleichbreite Jahresringe, schmale Herbstholz- und breite weiße Frühholzzone) aus und eignet sich vorzüglich zur Herstellung von Resonanzböden musikalischer Instrumente.

Außer *Picea omorica* (s. d.) ist unsere Fichte die einzige europäische Art. Diejenige Fichte, von welcher der Bernstein stammt, ist von *Picea excelsa* wahrscheinlich spezifisch verschieden. Sie wird als *P. succinifera* (Bernsteinfichte) bezeichnet.

Picea obovata Ledeb., Sibirische Fichte

Steht der gemeinen Fichte sehr nahe und wird auch vielfach nur als Varietät derselben aufgefaßt. Sie ist die Fichte des extremkontinentalen Klimas und verhält sich in dieser Hinsicht zur europäischen wie die blaue zur grünen Douglasie (s. d.). Unterscheidungsmerkmale: Fruchtschuppen der Zapfen breit, eiförmig bis herzförmig und am oberen Rand ganz, Zapfen kleiner. Die anderen Merkmale (z. B. Nadeln etwas spitziger) sind wenig zuverlässig.

Die sibirische Fichte schließt sich mit ihrem Verbreitungsgebiet an dasjenige der gemeinen Fichte örtlich an und ist mit ihr (morphologisch) durch eine Zwischenform — *fennica* — verbunden. Sie tritt mit *Abies sibirica*, *Larix sibirica* und *Pinus cembra* waldbildend von Nordostskandinavien bis Nordasien auf, fehlt aber in Japan.

Von den anderen asiatischen Fichten steht ihr am nächsten:

Picea Schrenkiana Tisch. et Mey. Nadeln etwa doppelt so lang als bei *P. obovata*, ähnlich denjenigen der *P. Morinda*, welcher sie auch durch die etwas überhängenden Äste gleicht. Holz brüchig. Heimat: Thianschan, Alataugebirge und Kirgisensteppe, wo sie Wälder bildet. Vollkommen winterhart und daher geeignet, die bei uns unter Frost leidende Morindafichte zu ersetzen.

Der *Picea obovata* steht ferner nahe *Picea Masterzii Mayr*, Wutaishangebirge in China. Erinnert im Habitus an eine Tanne.

Picea Morinda Link (P. Smithiana Lamb., P. Khutrow Royle)

Sehr leicht kenntlich an den etwas gebogenen, sehr langen Nadeln (3—4, zuweilen 5 cm) und den lang herabhängenden Zweigen mit abwärts gerichteten Nadeln, ferner an den mit glashellen Harztropfen (daher Tränenfichte) bedeckten, sehr großen (12—15 cm), nach Vanille riechenden Zapfen mit ganzrandigen Schuppen (Fig. 26).

Waldbildend im nordwestlichen Himalaja zwischen 2000 und 3000 m.

In Deutschland (außer in mildesten Lagen, Insel Mainau) nicht winterhart.

Fig. 26. *Picea Morinda.* Zweig mit Zapfen.

Picea orientalis Link, Sapindusfichte, orientalische Fichte, Kaukasusfichte

Stellt das andere Extrem dar, indem sie von allen Fichten die kleinsten Nadeln besitzt. Dieselben sind 5—10 mm lang, ziemlich stumpf, stark glänzend (wie gefirnißt) und dem Zweig angedrückt. Aus der Spitze der jungen Zweige treten Harztropfen aus (Sapindustränen), Zapfen walzig, 5—8 cm lang; Samen sehr klein (4 mm) und fast schwarz. Waldbaum der Gebirge Kleinasiens, in der Heimat 30 m; bei uns zwar winterhart, wird aber selten höher als 15 m. Besser gedeiht die Sapindusfichte in milden, luftfeuchten Lagen, z. B. Südtirol, Italien usw.

In Japan sind die folgenden *Picea*-Arten (der Sekt. *Eupicea*) heimisch:

Picea polita Carr. (= *Picea Torano Köhne)*, Toranofichte, Tigerschwanzfichte

Sehr leicht an den außerordentlich derben, harten und scharf stechenden, abstehenden Nadeln zu erkennen (Fig. 27).

Heimat: Nord- und Mitteljapan (ca. 1200 m), leidet in strengen Wintern unter der Kälte und ist langsamwüchsig.

Picea alcocquiana Carr. (= *P. bicolor Maxim.* = *P. japonica Maxim.*), Buntfichte

Die Spaltöffnungsreihen — in Form weißer Streifen — nur auf der Nadeloberseite deutlich (diese aber meist nach unten gewendet), Nadelunterseite dunkelgrün. Nadeln zerrieben unangenehm riechend; Blattkissen birnförmig.

Seltener Baum der Gebirge Zentraljapans, spät austreibend, in der Kultur häufig mit *P. ajanensis* verwechselt, winterhart.

Fig. 27. *Picea polita.* Zweig mit Zapfen.

Picea Glehni (F. Schmidt) *Mast.*

Der vorigen nahestehend und gleich ihr einen Übergang zu *Omorica* bildend. Nadeln stumpflich, etwa halb so lang (6—7 mm), als bei voriger und ± rechtwinkelig abstehend. Waldbaum der Insel Eso und in Südsacchalin. Mit dieser Art verwandt: *P. Watsoniana Mast.*, *P. asperata Mast.* und *P. aurantiaca Mast.*, alle in Westchina.

Die nachstehenden sechs letzten Arten der Sektion *Eupicea* sind in Nordamerika heimisch.

P. canadensis Britton, Sterns u. *Pogg.* (= *Picea alba Link*) Schimmelfichte, Kanadische Weißfichte, *White spruce*

Nadeln bläulichgrau (daher Schimmelfichte), ca. 20 mm lang, stumpf, meist ohne Harzgänge, zerrieben aromatisch. Zapfen hellbraun, 3—6 cm lang, mit sehr dünnen, papierartigen, längsgestreiften Schuppen. Samen sehr klein (2 mm).

Heimat: Nördl. Nordamerika (nördlich bis zum 70. Grad n. Br., hier als niedriger Busch; südlich bis zum 45. Grad n. Br.), unter günstigen Umständen bis 50 m hoch.

Frosthart, erträgt gut den Seewind, eignet sich deshalb zur Dünenbefestigung. Eine Standortform ist die im westlichen Nordamerika heimische *P. albertiana Stew.*

P. mariana (Mill.) Britton, Sterns u. *Pogg. (= Picea nigra Link)*, Schwarzfichte, *Black spruce*

Der vorigen nahestehend, Nadeln (7—12 mm) auch blaugrün, aber zerrieben nicht aromatisch. Zapfen klein (ca. 3 cm), fast kugelig, mattbraun, an kurzen gekrümmten Stielen. Verbreitung nicht so ausgedehnt wie bei *Picea canadensis*; nördlich nur bis zum 55. Grad n. Br., aber in den Alleghanies weiter nach Süden. Winterhart, wird aber bei uns nicht höher als 15 m (in der Heimat bis 25 m). In Kanada wird aus den jungen Zweigen das sogenannte Sprucebier hergestellt.

P. rubra Link, Rotfichte, Hudsonfichte, *Red spruce*

Nadeln ca. 10—15 mm, mit stechender Knorpelspitze, frisch grünglänzend (Gegensatz zu *nigra* und *alba*). Zapfen 3—4 cm, reif glänzendrotbraun mit Harz übergossen, lange (zwei Jahre) hängenbleibend.

Heimat: Neuschottland und Neufundland, in der arktischen Zone strauchig. Winterhart, aber selten echt bei uns in Gärten zu finden. Viele Exemplare, die unter dem Namen *P. rubra* (oder auch *P. nigra*) gehen, sind in Wirklichkeit *P. canadensis*

P. pungens Engelm. (= *P. Parryana Sarg.*), Stechfichte, *Blue spruce*, *White spruce*

An den scharf stechenden (und wenigstens in einzelnen Varietäten silbergrauen), abstehenden Nadeln leicht kenntlich; Zapfen 4—6 cm lang, mit am Rand gezähnten Schuppen.

Heimat: Felsengebirge Nordamerikas zwischen 2000 und 2800 m. Winterhart. Besonders in blaubereiften Varietäten (Blaufichte) als Parkbaum geschätzt. Verträgt die Stadtluft. Meist durch Veredelung vermehrt und deshalb oft krummstämmig. Je nach der Samenherkunft rasch- oder trägwüchsig, breit- oder schmalkronig. Viele dieser Formen tragen besondere Bezeichnungen als Varietäten.

Picea Engelmanni Engelm., *White spruce*

Nadeln weniger scharf stechend, mehr nach vorn gerichtet, oft bereift. Heimat wie vorige, aber von 2800 m bis zur Baumgrenze (45 m bis strauchförmig). Nicht ganz winterhart, dabei trägwüchsig.

Picea Breweriana Watson

Erinnert durch die (wie bei der Hängefichte) peitschenförmig herabhängenden Zweige zweiter Ordnung an eine Trauerweide; Nadeln stumpf, Zapfen weich, aber größer als bei *P. alba*. Nördliches Kalifornien.

Sektion *Omorica*

Picea omorica (Pančič) Purkyne, Omoricafichte, serbisch „*smrč*"

Nadeln tannenähnlich, 8—14 mm lang, doppelt so breit wie dick, häufig gescheitelt, Zapfen reif dunkelrotbraun, eiförmig, 2—4 cm lang; Wuchs schlank, kegelförmig, fast zypressenartig. Heimat: Serbien, Bosnien, Montenegro, wo der Baum bis 40 m hoch wird. Die ursprünglichen Wälder sind größtenteils ausgerottet, jetzt finden sich nur einzelne Horste in schwer zugänglichen Gebirgshöhen, bes. bei Višegrad, am Drinadreieck. Durchaus winterhart und schnellwüchsig. Wertvoll als Zierbaum.

Picea hondoensis Mayr, Tohi, und *Picea ajanensis Fischer* (= *P. jezoensis* [*Sieb. et Zucc.*] *Carr.*) Kuro Esomatzu

Beide Arten werden vielfach in eine zusammengezogen; Unterschiede geringfügig: *hondoensis* — Knospen violett, verharzt; *ajanensis* — Knospen gelbbraun, unverharzt. Beide Arten sind in Japan heimisch, letztere findet sich auch in Ostsibirien (von Ajan bis zum Amur), sowie auf den Kurilen und in Sachalin.

In Mittelasien ferner: *P. spinulosa Griff.*, *P. complanata Mast.*, *P. purpurea Mast.*

Picea sitchensis (Bons.) Carr. = *P. Menziesii (Lindl.) Carr.*, = *P. falcata Valck-Suringar*, Sitkafichte

Nadeln dünn, aber steif und sehr stechend, von der einheimischen Fichte leicht an den einseitigen Spaltöffnungsreihen zu unterscheiden. Zapfen 5—8 cm lang, kleinschuppig. Samen und Keimling sehr klein. Dieser Baum, welcher im nordwestlichen Nordamerika (bis 2100 m) selbst auf nassem moorigen Boden gedeiht (bis 60 m Höhe und 2,5 m Durchmesser), ist empfindlich gegen Trockenheit und oft nicht genügend winterhart, aber sehr sturmfest und auf passendem

Standort ertragreich. Bei Aufforstungen in Küstengebieten hat sich die Sitkafichte vorzüglich bewährt. Im übrigen ist der Wuchs bald sehr rasch und schlank, bald schlecht und breitästig (Standortsvarietäten?). Es ist zu hoffen, daß sie bei besserer Berücksichtigung der Samenherkunft und der Standortsbedürfnisse forstlich Wertvolles leistet.

Pinus L., Föhre, Kiefer (aus Kien-Föhre)

Allgemeine Merkmale: Nadeln immergrün, einzeln (nur an jungen, ein- bis höchstens vierjährigen Pflanzen) oder in Kurztrieben zu 2—5; die letzteren sind an der Basis von aus Schuppen gebildeten Nadelscheiden umgeben. ♂ Blüten an Stelle von Kurztrieben büschelig oder traubenförmig gehäuft; ♀ Blüten aus Quirlknospen entstanden, einzeln oder quirlig angeordnet. Zapfen meist hängend, im 2. bis 3. Jahre reifend, Deckschuppen sehr klein, ± verkümmert, Fruchtschuppen fleischig, später verholzend, am Ende verdickt; der freiliegende Teil der Fruchtschuppe heißt Apophyse, ein darauf befindlicher Höcker Nabel. Der häutige Samenflügel umfaßt den Samen zangenartig oder ist ± verkümmert. Keimblätter zahlreich; Holz reich an Harzkanälen, in den Markstrahlen tracheidale Elemente.

Verzweigung der Kiefern nur durch Quirlknospen.

Etwa 80 Arten der nördlich gemäßigten Zone; einzelne Arten überschreiten den Wendekreis nach Süden, sind aber dann auf Gebirge beschränkt.

Nach Zahl und Feinbau der Nadeln, Bau der Zapfenschuppen und Samen, Feinbau des Holzes u. ä. läßt sich die große Zahl der Kiefern-Arten in mehrere Sektionen zusammenfassen. Wir folgen nachstehend der Einteilung, welche R. Pilger in Engler-Prantls „Natürlichen Pflanzenfamilien", 2. Aufl. 1926, gegeben hat:

A. Untergattung Haploxylon Koehne: Nadeln mit einfachem Gefäßbündel im Zentralstrang, Markstrahltracheiden des Holzes glattwandig[1]).

[1]) Nach Rudolph (BBC **54 B**, 1935, 253) zeigen auch die Pollenkörner der meisten Arten dieser Untergattung (aber nicht *Pinus strobus*!) insofern

I. Zapfenschuppen enden in ein flach-fingernagelförmiges Schildchen (Apophyse), dieses an der Spitze benabelt; Marktstrahlparenchym im Kreuzungsfeld gegen die Längstracheiden mit großen ovalen Tüpfeln; 5-Nadler.
   1. Samen dick, fast ungeflügelt: 1. Sektion *Cembra*;
   2. Samen mit fest angewachsenem Flügel, der den Samen von außen völlig bedeckt: 2. Sektion *Strobus*.

II. Zapfenschuppen mit dicken, pyramidalen Schildchen, diese in der Mitte benabelt; Markstrahlparenchym mit mehreren kleinen, fichtenähnlichen Tüpfeln im Kreuzungsfeld: 3. Sektion *Paracembra*.
   1. 5-Nadler, Samen geflügelt: Untersektion *Balfouria*;
   2. Samen fast flügellos, Nadeln zu 1—4 (ausnahmsweise 5): Untersektion *Gerardiana* (= *Parrya Mayr*).

B. Untergattung Diploxylon Koehne: Nadeln mit doppeltem Gefäßbündel im Zentralstrang[1]), Apophyse ± vorgewölbt, mit zentralem, oft stachelspitzigem Nabel.

I. Samenflügel dem Samen angewachsen, 3-Nadler: 4. Sektion *Sula*.

II. Samenflügel umgreifen den Samen zangenförmig, leicht ablösbar; Markstrahltracheiden ± zackig verdickt.
   1. Zweinadler
      a) Samenflügel gut entwickelt;
         α) Jahrestrieb einfach; Markstrahlparenchym mit 1—2 großen Tüpfeln im Kreuzungsfeld: 5. Sektion *Eupitys* = *Pinaster*;

---

einen primitiveren Bau, als ihre Luftsäcke ähnlich wie bei Fichte dem Körper mit breiter Basis aufsitzen und daher die Seitenansicht des Pollens elliptischen Umriß bietet („*Haploxylon*-Typus"), während bei allen Angehörigen der Untergattung Diploxylon, aber auch einzelnen der Untergattung Haploxylon, die Luftsäcke vom Korn scharf abgesetzt sind; sie bieten daher in Seitenansicht das Bild dreier sich überschneidender Kreise („*Pinus Silvestris*-Typ").

[1]) Die Keim- und Primärnadeln auch dieser Untergattung besitzen einfache Gefäßbündel; die Spaltung des Gefäßbündels erfolgt erst im Laufe der Entwicklung jeder einzelnen Nadel und erweist sich damit als abgeleitetes Merkmal.

β) Jahrestrieb mit Zwischenwirtel; Zapfen öffnen sich vielfach erst nach Jahren; Markstrahlparenchym mit 1—8 kleineren Tüpfeln im Kreuzungsfeld: 6. Sektion *Banksia* = *Murraya*;

b) Samenflügel verkümmert, Samen groß (Pignoli), Markstrahltüpfel wie bei a) β: 7. Sektion *Pinea*.

2. 3—5-Nadler

a) Harzgänge der Nadel der Endodermis anliegend; Markstrahltracheiden extrem zackig, Zacken vielfach die Zellen quer durchwachsend: 8. Sektion *Australes*;

b) Harzgänge dem Hautgewebe (Epidermis + Hypoderm) anliegend; Markstrahltüpfel wie bei Sekt. Pinaster; 3-Nadler: 9. Sektion *Khasia*;

c) Harzgänge im Blattparenchym eingebettet; Markstrahltüpfel wie bei Sekt. *Murraya*;

α) 5-Nadler: 10. Sektion *Pseudostrobus*;

β) 3-Nadler, sonst wie Sekt. *Murraya*: 11. Sektion *Taeda*.

Die Verteilung der Pinus-Arten auf diese elf Sektionen ist nachstehender Übersicht zu entnehmen:

1. Sektion *Cembra*: *P. cembra*, *sibirica* (geographische Rasse von *cembra*), *pumila*, *koraiensis*, *albicaulis*, *Armandi*, *flexilis*.
2. Sektion *Strobus*: *P. strobus*, *monticola*, *Lambertiana ayacahuite*, *excelsa*, *peuce*, *parviflora* (= *pentaphylla*).
3. Sektion *Paracembra*:
   a) Untersektion *Balfouria*: *P. aristata*, *Balfouriana*.
   b) Untersektion *Gerardiana* = *Parrya*: *P. Gerardiana*, *Bungeana*, *cembroides*, *edulis*, *monophylla*, *quadrifolia* (=*Parryana*).
4. Sektion *Sula*: *P. longifolia*, *canariensis*.
5. Sektion *Eupitys* = *Pinaster*: *P. silvestris*, *montana*, *nigra* (mit mehreren Unterarten), *maritima* (= *pinaster*), *leucodermis*, *resinosa*, *densiflora*, *Thunbergi*, *sinensis*.

6. Sektion *Banksia* = *Murraya*: *P. Banksiana*, *contorta* (mit *var. Murrayana*) *clausa*, *virginiana* (= *inops*), *echinata* (= *mitis*), *glabra*, *pungens*, *muricata*, *halepensis*, *brutia*.
7. Sektion *Pinea*: *P. pinea*.
8. Sektion *Australes*: *P. palustris* (=*australis*), *caribaea* u. a. Südkiefern.
9. Sektion *Khasia*: *P. khasya*, *insularis*.
10. Sektion *Pseudostrobus*: *P. pseudostrobus*, *arizonica*, *Jeffreyi*, *ponderosa* (mit *var. scopulorum*), *Montezumae*.
11. Sektion *Taeda*: *P. taeda*, *rigida*, *serotina*, *patula*, *radiata* (= *insignis*), *Sabiniana*, *Coulteri*.

In der folgenden Besprechung der einzelnen Arten stellen wir aus rein praktischen Gründen unsere heimischen Zweinadler voran.

Pinus silvestris L.

Gemeine Kiefer, Föhre, Fohre, Forche, Forle ist nächst der Fichte unser wichtigster Waldbaum.

Charakteristik: Nadeln je nach Standort verschieden lang (2—8 cm), gedreht; Harzgänge unmittelbar unter der Epidermis, von mechanischen Zellen umgeben. Im Zentralstrang zwischen den Gefäßbündeln eine Gruppe dickwandiger Zellen. Lumen der Epidermiszellen punktförmig. (U. von Bergkiefer, s. d.). ♂ Blüten an der Basis diesjähriger Langtriebe. ♀ Blüten gestielt, an Stelle von Quirlknospen, Deckschuppen zuerst sichtbar, grünlich, später vertrocknend. Die Blüten krümmen sich nach der Bestäubung abwärts und wachsen erst im Frühjahr des nächsten Jahres zu grünen Zapfen heran. Reife im November des zweiten Jahres. Zapfen an der Basis schief, eikegelförmig, 2,5 bis 7 cm lang. Apophysen an der Lichtseite größer und stärker vortretend, rhombisch, flach oder konvex. Nabel zentral, ohne Stachelspitze, nicht schwarz umrandet (U. von *P. montana*). Samen 5 mm lang, gelb, schwarzbraun oder gesprenkelt, Samenflügel den Samen zangenartig umfassend (Fig. 28, $_6$).

Keimling mit 5—6 ganzrandigen Kotyledonen, welche nur ein Jahr alt werden. Primärblätter gesägt, tragen zum Teil Achselknospen, welche im zweiten Jahre zu typischen (zweinadeligen) Kurztrieben auswachsen. Vom dritten Jahre an werden normalerweise nur noch Kurztriebe gebildet. Höhenwachstum in der Jugend rasch (Höhepunkt zwischen

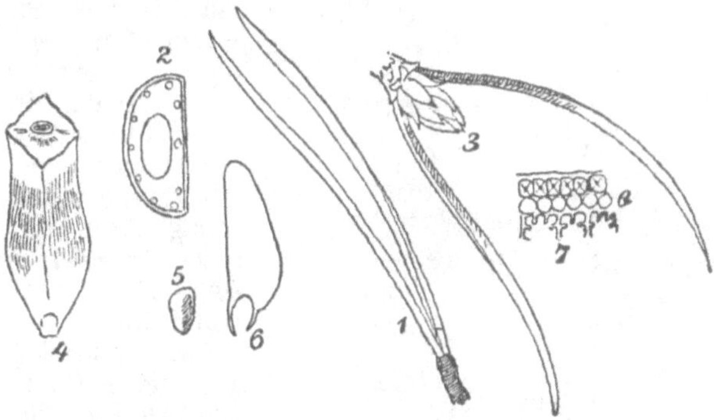

Fig. 28. *Pinus silvestris L.*

1 Normaler zweinadeliger Kurztrieb ($^1/_1$); 2 Querschnitt durch eine Nadel ($^{10}/_1$); 3 Scheidentrieb mit Scheidenknospe ($^1/_1$) (abnorm); 4 Zapfenschuppe mit rhombischer Apophyse ($^1/_1$); 5 Same; 6 dazugehöriger Flügel mit zangenförmiger Basis ($^1/_1$); 7 Stück aus dem Blattquerschnitt stärker vergrößert. Lumen der Epidermiszellen punktförmig.

15. und 25. Jahr). Maximalhöhe: 40—48 m, Maximalalter: 600 Jahre. Lebensdauer der Nadeln, je nach Standort, 2—3, seltener, in kühlem Klima, bis 5 Jahre.

Borken im unteren Stammteil rauh, braun und dick, im oberen glatt, rotgelb, dünn. Holz mit gelbem Splint und braunem Kern, mit zahlreichen großen Harzkanälen (auch in den Markstrahlen). Randzellreihen der Markstrahlen tracheidal (wie Lärche und Fichte), aber — zum Unterschied von diesen Hölzern — mit zackigen Wandverdickungen (Fig. 29).

Wurzelsystem tiefgehend (Pfahlwurzel), sehr reich verzweigt (intensiv) und weithin streichend.

Die Kiefer ist der Baum des Sandbodens. An Mineralstoffgehalt und Feuchtigkeit stellt sie geringe Ansprüche, liebt aber Tiefgründigkeit und Lockerheit. Sie gedeiht auch noch auf geringem Moorboden. Das Wärmebedürfnis ist nach Rassen sehr verschieden. Sie ist sehr lichtbedürftig und gedeiht nur ausnahmsweise im Halbschatten. Die starke Pfahlwurzel, oft unterstützt durch Senkerwurzeln, verschafft der Kiefer große Sturmfestigkeit. Sie ist auch nach der Knospenentfaltung wenig frostempfindlich. Dagegen wird sie von vielen Feinden bedroht: Borkenkäfer, Rüsselkäfer, Raupen (Spinner, Spanner, Eule, Nonne u. a.), Pilze (Kiefernbaumschwamm im Kernholz, Hallimasch und Wurzelporling an der Wurzel, Schüttepilz an den Nadeln junger Pflanzen, Kienzopf u. a.).

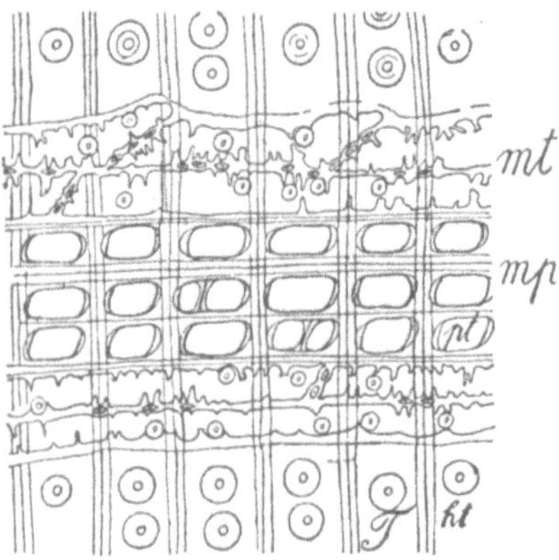

Fig. 29. *Pinus silvestris*, radialer Längsschnitt des Holzes.

T Längstracheiden mit Hoftüpfeln *ht*. *mt* Markstrahltracheiden mit zackigen Wandverdickungen und kleinen Hoftüpfeln. *mp* Markstrahlparenchym mit großen rhombischen Tüpfeln *pt* (Mch.).

Die Kiefer hat unter allen heimischen Baumarten die größte geographische Verbreitung, in Europa von Südspanien bis zur nördlichen Baumgrenze, in Asien von Persien über den größten Teil von Sibirien (s. Übersichtskarte 3). In den Alpen geht sie bis nahe an die Baumgrenze. In Deutschland findet sie ihre natürliche Verbreitung besonders im ostelbischen Norddeutschland und in Süddeutschland, hier auch in den Gebirgen. Durch künstliche Kultur ist sie weit über ihr ursprüngliches Gebiet hinaus verbreitet.

Klimarassen. Der großen horizontalen und vertikalen Verbreitung der Kiefer entsprechen sehr viele Klimarassen mit den verschiedenartigsten klimatischen Bedürfnissen und Wuchsformen. Die Kiefern aus dem hohen Norden und aus hohen Gebirgslagen ähneln in ihren klimatischen Bedürfnissen und Wuchsformen der Fichte gleicher Lagen und sind erblich trägwüchsig. Kiefern aus warmen Lagen in kaltes Klima verpflanzt erfrieren im Winter, leiden unter Krankheiten und

Fig. 30. *Pinus silvestris*, breitkronige, pinienartige Tieflandsform *(superrhenana)*, Pfalz. Nach Münch.

verkrüppeln. Alpine und gewisse andere Rassen sind im Tiefland besonders schütteempfindlich. In schneearmen, milden Tieflagen wiegen breitkronige, starkastige, oft krumme, in schneereichen nördlichen und Hochlagen geradschaftige, feinastige, spitzkronige und dadurch schneedruckfeste Formen vor (Fig. 30—32).

Für Deutschland sind als Rassen, die aber in sich zum Teil größere Verschiedenheiten einschließen, zu unterscheiden[1]):

Superrhenana Schott (Fig. 30), südwestdeutsche Tieflandskiefer, meist breitkronig, starkastig, krumm, schief, wärmebedürftig.

[1]) Cieslar, Zbl. f. d. ges. Forstw. 1887. — Schott, Forstwiss. Zbl. 1904 u. 1907. — Engler, Mitt. Schweiz. Versuchsanstalt 1906 u. 1913. — Kienitz, Ztschr. f. Forst- u. Jagdw. 1911. — Münch, Allg. Forst- u. Jagdztg. 1924/25.

Fig. 31. *Pinus silvestris*, schlanke, spitzkronige Höhenkiefer *(hercynica)*, Schwarzwald. Nach Münch.

Hercynica Münch, Höhenkiefer (Fig. 31) in den Mittelgebirgen, meist gerade, spitzkronig, schlank; geringes Wärmebedürfnis.

Borussica Schott, norddeutsche Tieflandskiefer, in den Formen zwischen den vorigen stehend.

Nordostdeutsche Kiefer, einen Übergang zwischen *borussica* und der hochwüchsigen, schlanken Rigakiefer *(septentrionalis Schott, rigensis Desf.)* bildend.

Außerdem sind unter vielen anderen zu nennen: *Batava Schott*, im Nordseegebiet, besonders Belgien, sehr wüchsig; *aquitana Sch.* in der Auvergne, Südfrankreich, mit blau bereiften, stacheligen Nadeln. Die beiden folgenden sind auch als besondere Arten aufgefaßt worden: *Lapponica Fr.* = *Pinus lapponica Mayr* = *P. Frieseana Wich.* in Nordskandinavien, geradschaftig, spitzkronig, langsamwüchsig. — *Engadinensis Heer*, im Oberengadin bis 2000 m, mit langlebenden Nadeln, glänzenden Apophysen mit schwarzem Ring um den Nabel.

Nach der flachen, buckligen oder zurückgekrümmten Form der Apophysen (Schuppenschilder) unterscheidet man *forma plana*, *gibba* und *reflexa*, letztere besonders in hohen Lagen, doch ist die Zapfenform kein sicherer Anhalt zur Beurteilung der Herkunft.

Pinus montana Miller, Bergkiefer

Zur sicheren Unterscheidung der Bergkiefer von der gemeinen Kiefer dienen folgende Merkmale: Epidermiszellen der Nadeln höher als breit, daher das Lumen strichförmig; Nabel der Apophyse von einem schwarzen Ring umgeben.

Bewurzelung flach; Blüte oft diözisch. Die Klima- und Bodenansprüche der Bergkiefer sind äußerst gering, sie kommt deshalb besonders auf Hochmooren und in Hoch-

Fig. 32. Anbau verschiedener Kiefernherkünfte auf einer Versuchsfläche im Forstgarten Tharandt; links belgische Herkünfte durch Schneedruck geworfen, rechts finnische gerade. Nach Münch.

lagen oberhalb der Baumgrenze vor, wohin ihr andere Holzarten nicht folgen können (an der nördlichen Baumgrenze fehlt sie aber).

Die Bergkiefer variiert (erblich) sehr nach Stammform und Zapfenform.

Stammformen: *var. arborea*, Spirke. Baumförmig, bis 25 m hoch, einstämmig, ± geradschaftig; auf Mooren und im Gebirge (z. B. in Graubünden auf 4000 ha in Mischung mit Fichte und Kiefer Wälder bildend).

var. frutescens erecta, mehrstämmige, aufrechte Buschformen, besonders auf Mooren.

var. prostrata, Legföhre, Latsche, Knieholzkiefer, Krummholzkiefer. Besonders in hohen, schneereichen Gebirgslagen oberhalb der Baumgrenze.

Zapfenformen (Fig. 33): *uncinata*, Hakenkiefer, Schuppen-

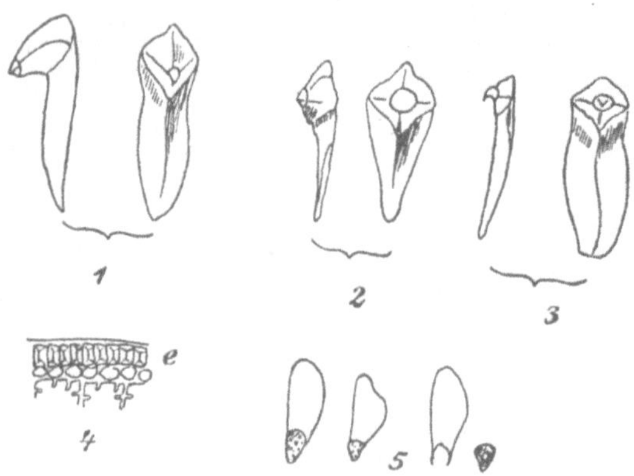

Fig. 33. *Pinus montana Mill.*

1 *var. uncinata*, 2 *var. pumilio*, 3 *var. mughus*: Zapfenschuppen, je einmal von der Seite und von der äußeren Fläche gesehen (1/1).
4 Teil des Querschnittes durch eine Bergkiefernnadel (Lumen der Epidermiszellen strichförmig), stark vergrößert; 5 verschiedene Samenformen (1/1).

schild unsymmetrisch, stark vorgewölbt und meist zurückgekrümmt.

pumilio, Schild unsymmetrisch, Nabel eingedrückt.

mughus, Schild durch scharfen Querstrich symmetrisch geteilt, Nabel mit stechendem Dorn.

Zwischen diesen alle Übergänge.

Die Zapfenform variiert unabhängig von der Stammform, doch findet sich *uncinata* mehr an Spirken, *mughus* mehr an Latschen.

Pinus nigra Arnold, Schwarzföhre. Gliedert sich der weiten submediterranen Verbreitung entsprechend in mehrere, vielfach als selbständige Arten betrachtete Varietäten:

1. *var. austriaca* (als Art *Pinus nigricans Host.* = *P. austriaca Höss*).

Nadeln sehr derb, lang und wenig gedreht, dunkel, zu zwei (selten zu drei), Zapfen symmetrisch, ungestielt, glänzend, gelbbraun, 4—8 cm lang. Raschwüchsiger, weniger lichtbedürftig (daher dichte Benadelung und tiefe Beastung), aber wärmebedürftiger als die gemeine Kiefer, Wurzelsystem flacher. Die österreichische Schwarzkiefer gedeiht vorzugsweise auf Kalkboden und dient daher auch zur Aufforstung trockener Kalkhügel (Karst, thüringische Triasberge). Im Alter breite Schirmkrone. Holz dem der gemeinen Kiefer sehr ähnlich.

Heimat: Ost- und Südostalpen, Karpathen, zwischen 150 und 300 m; in Deutschland (und auch nördlicher) nur kultiviert, frosthart; in Österreich wichtigster Baum für Harznutzung.

Die beiden nachstehenden Arten sind wohl nur Varietäten der Schwarzkiefer:

2. *var. Poiretiana* (als Art *Pinus Laricio Poir.* = *P. Poiretiana Endl.* = *P. corsicana Poir.*), Korsische Schwarzkiefer

Der vorigen sehr ähnlich, wird aber höher (bis 45 m) und älter (bis 1000 Jahre). Heimat: Spanien, Korsika, Süditalien, Griechenland. In Deutschland winterhart; gedeiht besonders gut in der Nähe des Meeres (Schleswig-Holstein).

3. *var. Pallasiana*, Taurische Schwarzkiefer. Zapfen sehr groß (10 cm), sonst von vorigen kaum verschieden. Heimat: Krim, Kleinasien.

P. maritima Lam. = *Pinus Pinaster Sol.*, Seestrandkiefer, Igelkiefer, Sternkiefer, Bordeauxkiefer, Seekiefer

Nadeln sehr lang (12—20 cm), zu zwei, an jungen Pflanzen häufig zu drei im Kurztrieb, mit blaubereiften jungen Trieben, Zapfen spitzkegelig, glänzend gelbbraun, in 2—4gliedrigen Quirlen vom Tragzweig abstehend und einen Stern bildend (daher: Sternkiefer). Nabel dornig, hakig, abwärts gekrümmt (Fig. 34).

Waldbaum der mediterranen Küstenländer und Inseln, in Spanien (Granada) bedeutende Bestände bis 1200 m ü. M.; anspruchslos und äußerst wichtig für Frankreich (Dünenaufforstungen und sehr bedeutende, planmäßige Harzgewinnung in den Landes); ist in Deutschland nicht winterhart[1]), wohl aber in England und Norwegen.

Fig. 34. Kiefernzapfen der Sektionen Pinaster und Pinea: 1 halepensis 2 pinaster, 3 tuberculata, 4/5 silvestris, 6 pinea, 7 montana.

Pinus leucodermis Ant., Schlangenhautkiefer

Der Schwarzkiefer sehr ähnlich. Charakteristisch sind die aschgraue, in Felder geteilte Rinde und die nach dem Nadelfall schlangenhautartig gefelderte Oberfläche der Zweige. Nadeln an der Spitze der Triebe pinselförmig gehäuft. Heimat: Bosnien, Herzegowina, Montenegro (1000–2000 m). Eignet sich dort zur Aufforstung steiniger Gebirge.

[1]) Bei Neustadt in der Pfalz sind aus einzelnen Sternkiefern, die den strengen Winter 1879/80 überstanden haben, frostharte Bestände hervorgegangen.

Pinus resinosa Aiton,

ein amerikanischer Vertreter der Sektion Pinaster, heimisch in Kanada, bei uns winterhart, aber ohne besondere Vorteile. Sehr ähnlich unserer Kiefer, Nadeln länger und dünner.

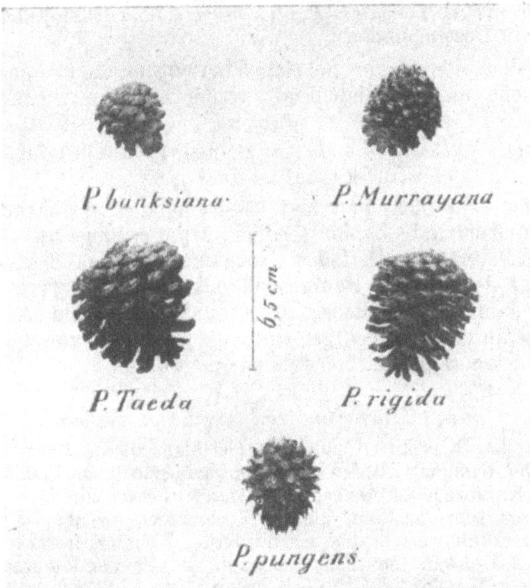

Fig. 35. Kiefernzapfen der Sektionen Murraya und Taeda.

Pinus densiflora Sieb. et Zucc., Japanische Rotkiefer

Der gemeinen Kiefer ähnlich (hinsichtlich Zapfen, roter Borke), Nadeln weicher und etwas länger, Zellring der Harzgänge dünnwandig.

Japan und Korea, auf trockenem Sandboden; in Süddeutschland frosthart, aber empfindlich gegen Schneedruck.

Pinus Thunbergi Palr., Japanische Schwarzkiefer

Steht den europäischen Schwarzkiefern nahe; sie ist in Japan ein wichtiger Forstbaum (Holz- und Harznutzung, Dünenbefestigung) und wird dort wegen ihrer Sturmfestigkeit auch zum Schutz der Felder gegen Sand und Seewinde gepflanzt; empfindlich gegen Schneedruck.

Weitere Pinasterkiefern des fernen Ostens sind:

Pinus luchuensis Mayr, auf den Inseln Riukiu und Formosa.

Pinus sinensis Lamb. (= *P. Massoniana*), China (Tempelbaum), beide sehr frostempfindlich.

Von den Kiefern der Sektion ***Murraya,*** die alle geringe Ansprüche an die Bodenkraft stellen, ist die wichtigste:

Pinus Banksiana Lamb. (= *P. divaricata Du Mont.*), Bankskiefer, *Jack pine*

Nadeln sehr dicht gedrängt, 4—6 cm lang, abstehend, zu zwei im Kurztrieb. Zapfen länglich, krumm, lange am Baum sitzend. Heimat: Östliches Nordamerika (bis 68° n. Br.); ein sehr genügsamer Baum, vollkommen frosthart; in den ersten Jahren raschwüchsig, aber bald nachlassend, schneedruckgefährdet, schlechtgeformt und nicht dürrefest. Nur auf ärmsten Böden zu verwenden. (Fig. 35.)

Pinus Murrayana Balfour, Lodgepole pine

Steht der Bankskiefer nahe, hat gleichfalls dichte Benadelung, schwache Reinigung. Zapfen schief, schwarzgenabelt mit hinfälligem Dorn; Kurztriebe zweinadelig. Heimat: Felsengebirge, wo sie selbst auf sehr feuchten, kühlen Hochmooren gedeiht; je nach Samenherkunft verschieden raschwüchsig. Ziemlich frosthart. In Schleswig-Holstein forstlich angebaut, in Finnland vorzüglich gedeihend (Fig. 35).

Pinus contorta Dougl., scrub pine

Wird mit voriger häufig in eine Art vereinigt. Kurztriebe zwei, seltener dreinadelig, weniger dicht stehend. Westliches Nordamerika; bei uns winterhart; auf Dünen sowie auch in nassen Lagen gut gedeihend.

Pinus muricata D. Don., Obispo pine, Swamp pine

Nadeln teils zu 2, teils zu 3 im Kurztrieb, 17 cm lang. In Kalifornien auf nassen und trockenen Böden gleich gut gedeihend, in England frosthart.

Pinus clausa Vasey, *Spruce pine*

Nadeln zu 2 oder zu 3, 7 cm lang; Zapfen oft lang geschlossen bleibend. Südöstliche Union; auf Dünen, raschwüchsig.

Pinus glabra Walt., *Spruce pine*

Nadeln meist zu 2, 7 cm lang, abstehend. Südöstliche Staaten der Union.

Pinus echinata Mill. (= *P. mitis Michx.*), *Shortleaf pine*

Nadeln 7—10 cm lang, im unteren Teil der Triebe zu 2, im oberen zu 3 im Kurztrieb; ausgewachsene Triebe weiß bereift. Südliche und mittlere Staaten des östlichen Amerika.

Pinus pungens Lambert, Stechföhre, *Tablemountain pine*

Nadeln zu 2 oder zu 3, 9 cm lang, dick, stechend. Auf den tafelförmigen Bergen des Alleghaniegebirges.

Pinus virginiana Mill. (= *P. inops Sol.*), *Jersey pine*

Nadeln zu 2, seltener zu 3, 5 cm lang, Triebe weißlich bereift. Mittlere Staaten von Ostamerika. Die in Dänemark unter dem Namen *P. inops* zur Dünenbefestigung angepflanzte Kiefer ist nicht obige Art, sondern eine Form von *Pinus uncinata*.

Fig. 36. *Pinus brutia*. Zweig mit Zapfen.

Pinus halepensis Mill., Aleppokiefer (Fig. 34,1)

Nadeln zart und dünn, fast wie diejenigen der Weymouthskiefer, Zapfen ziemlich lang (2 cm) gestielt, hängend, kegelförmig. Mittelmeer (bes. Dalmatien) in mildem (Ölbaum)-Klima; gedeiht auf trockenen, heißen Böden, ist raschwüchsig und eignet sich zur Aufforstung trockener Kalkböden (Karst, Seealpen); Holz, Rinde und Harz werden genutzt. Gedeiht nicht in Deutschland.

Pinus brutia Ten.

Bruttische Kiefer (fälschlicherweise oft als *P. pyrenaica Lapeyr* bezeichnet), steht der Aleppokiefer nahe, aber Zapfen ungestielt, horizontal stehend (Fig. 36). Süditalien, Orient, bei uns empfindlich.

Fig. 37. Pinienwald bei Aquileja. Phot. von Tubeuf 1906.

Pinus pinea L., Pinie, Schirmkiefer, Nußkiefer

Charakterbaum der Mittelmeerländer. Breite, schirmförmige Krone (Fig. 37), Zapfen glänzend, 10—15 cm lang, mit nußartigen, dickschaligen, eßbaren Samen. Holz leicht, harzarm. Braucht viel Licht und Wärme, gedeiht in Deutschland nicht; spielt aber eine Rolle bei der Dünen- (Frankreich) und Karstaufforstung; Pfahlwurzel sehr lang und stark, daher Windwurf selten.

Die übrigen Kiefern lassen wir nun in der Seite 62 angegebenen Reihenfolge sektionenweise folgen.

A. Untergattung Haploxylon

1. Sektion ***Cembra*** (Kurztriebe 5nadelig, Samen nußartig, mit dicker Samenschale und verkümmertem Flügel, übrige Merkmale vgl. Tabelle S. 62) ist teils europäisch, teils asiatisch, dazu 2—3 Arten in Nordamerika.

Pinus cembra L.,

Zirbelkiefer, Zirbe, Zürbel, Zirme, Arve

Nadeln 6—10 cm lang, steifer und dicker als bei der Strobe, 4—6 Jahre alt werdend, junge Triebe rostrotfilzig (Unterschied von *P. strobus*), Zapfen 6—8 cm lang, braun, eiförmig. Samen rehbraun, nußartig, 8—12 mm lang, meist flügellos; kommen in den Alpengegenden als „Zirbelnüsse" auf den Markt. Gesät liegen sie meist 1—2 Jahre über. Keimling mit 10 ca. 3—5 cm langen Keimblättern; Wachstum langsam, höchste Höhe 22 m. Höchstes Alter ca. 1000 Jahre. Sturmfestigkeit bedeutend; sie bildet deshalb auch einen wichtigen Bestandteil des Bannwaldes. Ansprüche an den Boden groß, an Wärme gering (Hochgebirgsbaum) (Fig. 38).

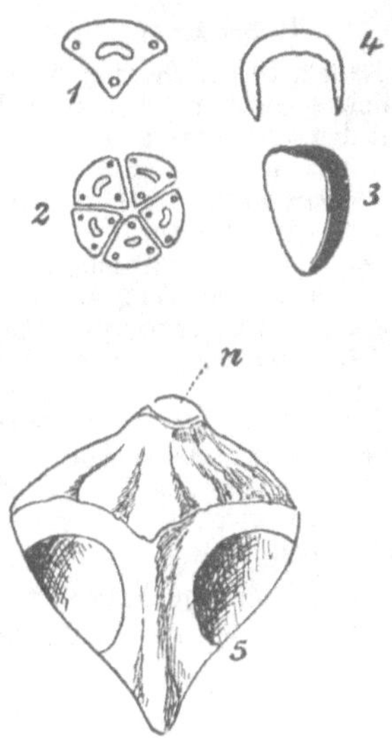

Fig. 38. *Pinus cembra L.* 1 Querschnitt durch eine dreikantige Nadel (10/1); 2 Querschnitt durch einen fünfnadeligen Kurztrieb (5/1); 3 Same mit 4 Flügelrudiment (1/1); 5 Zapfenschuppe von außen mit Eindrücken tiefer sitzender Samen, *n* Nabel (1/1).

Das Holz ist sehr zähe, dauerhaft, leicht (Schnitzholz). Verbreitung[1]): Alpen und Karpathen bis zur Baumgrenze, außerdem im nördlichen Rußland und Sibirien. Die hier wachsende Zirbelkiefer wird vielfach als besondere Art *P. sibirica Mayr*, aufgefaßt (Unterschied von der europäischen: höherer Wuchs, größere Zapfen u. dünnere Samenschale). Die Verbreitung der Arve ist infolge unpfleglicher Behandlung gegenwärtig viel weniger groß als ehemals.

[1]) Vergl. Verbreitungskarte 2.

Pinus parviflora Sieb. et Zucc. (= *P. pentaphylla Mayr*), Mädchenzirbel

Nadeln 2,5—5 cm lang (zwischen Sektion *Strobus* und *Cembra*). Heimat: Japan, Gebirgsbaum, bei uns frosthart, raschwüchsig.

Pinus koraiensis Sieb. et Zucc., Koreazirbel

Nadeln 10—15 cm lang, an zwei Seiten weiß, Zapfen 15 cm lang. Samen genießbar, 1,5 cm lang. Japan, Korea, China. Schöner Baum mit dichter Beastung, winterhart.

Pinus Armandi Franch (= *scipioniformis Mast.*), China.

Pinus pumila Regel. Nadeln 7 cm lang, Triebe rotbraun filzig, Samen eßbar; strauchartig in den obersten Waldregionen der Gebirge Japans und Ostsibiriens, besonders Kamtschatka, dort als Schutzholz von Wert, ähnlich unserer Legföhre.

Dazu drei nordamerikanische Arten:

Pinus albicaulis Engelm., *White bark pine.* Strauchartig, Kalifornien.

Pinus flexilis James, *White pine.* Niedriger Baum mit 5 bis 6 cm langen Nadeln, Felsengebirge; Grubenholz, bei uns winterhart.

Pinus reflexa Engelm. (*P. Strobiformis Engelm.*) (vielleicht nur eine Form von *P. ayacahuite*, dann zur Sektion *Strobus* gehörig), Felsengebirge.

Die 2. Sektion ***Strobus*** (Merkmale s. Tab. S. 62) enthält einige sehr wichtige Wald- und Parkbaumarten. Die wichtigste ist:

Pinus Strobus L., Strobe, Weymouthskiefer, *White pine*

Nadeln dünn, weich, ca. 10 cm lang, Harzgänge zwei, nahe den Kanten; ♀ Blüten einzeln oder zu 2—5 neben der Endknospe, langgestielt, walzenförmig. Zapfen im ersten Frühjahr 2 cm lang, reif kurzgestielt, 10—15 cm lang, gekrümmt, Samen 5—6 mm lang, dunkelbraun bis marmoriert. Keimling mit 8—11 dreikantigen Keimblättern. Primärnadeln flach, einfach. Junge Triebe kaum behaart, Rinde lang glatt, nach dem 30. Jahr bildet sich eine längsrissige Tafelborke aus. Holz (s. auch oben) sehr leicht, wenig schwindend, mit breitem Kern, im Alter wertvoll, in der Jugend (unverkernt) wenig dauerhaft. Die Strobe ist schnellwüchsig, höchste Höhe in

Europa 50 m, Krone kegelförmig (auch im Alter); Astreinigung ziemlich schlecht. Die Zweige leiden in Europa oft sehr unter der Tätigkeit des Waldgärtners *(Hylesinus piniperda)*. Zweige sehr elastisch (daher wenig Schneebruch!) (Fig. 39—41).

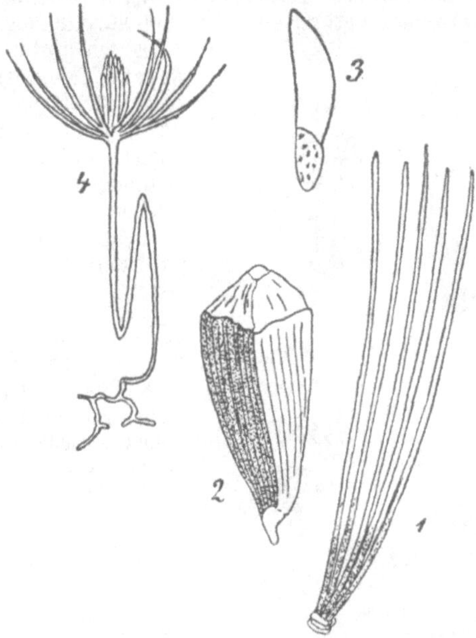

Fig. 39. *Pinus Strobus L.* 1 Fünfnadeliger Kurztrieb (1/1); 2 Zapfenschuppe von außen mit randständigem Nabel auf der Apophyse (1/1); 3 Same mit Flügel (1/1); 4 Keimling mit 9 Kotyledonen und Primärblättern (1/1).

Heimat: nördl. Nordamerika (westlich bis zum Mississippi, südlich bis zu den Alleghanies). In Mitteleuropa einer der verbreitetsten eingeführten Waldbäume.

Die Weymouthskiefer gedeiht am besten auf feuchtem Boden, verträgt aber auch trocknen Standort, ist sehr frosthart, schneedruckfest, massenreich und gedeiht noch im kühleren Laubholzklima (Fig. 41). Sie verträgt Halbschatten und beschattet stark. Ihr reicher Nadelabfall verbessert rückgängigen Boden (Treibholz in stockenden Fichtenkulturen!). Sie leidet sehr unter Hallimasch (als Nachfolgerin von Laubholz dadurch sehr gefährdet), und der seit einigen Jahrzehnten allgemein verbreitete (seit 1906 auch in Nordamerika eingeschleppte) Blasenrost *(Cronartium ribicola)* macht den weiteren Anbau, auch der übrigen amerikanischen fünfnadeligen Kiefern, unsicher.

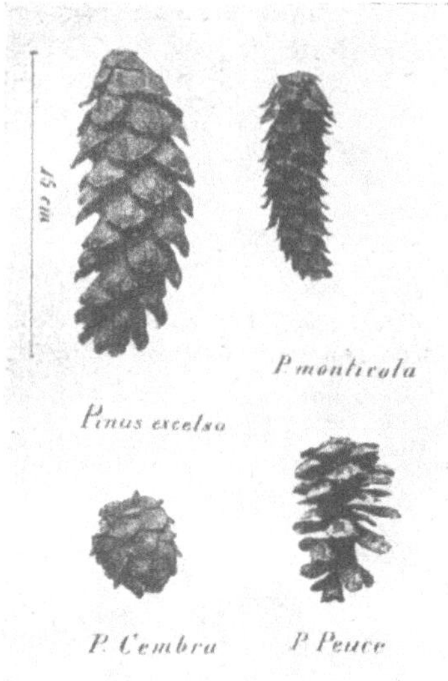

Fig. 40. Kiefernzapfen der Sektionen *Strobus* und *Cembra*.

Sehr nahe verwandt mit der gemeinen Strobe ist:

Pinus monticola Dougl., Gebirgsstrobe

Nadeln steifer, Zapfen sehr ähnlich (14—20 cm), junge Triebe braun behaart; Heimat: westliches Nordamerika, bis 3000 m Meereshöhe. Frosthart. Noch mehr als P. strobus durch Blasenrost gefährdet.

Pinus Lambertiana Dougl., Zuckerföhre, *Sugar pine*

Nadeln noch steifer, etwas stechend, Zapfen sehr groß, bis ca. 40 cm lang. Dieser Baum ist der größte unter den Stroben (wird bis 90 m hoch); aus Splintwunden fließt ein süßer Saft aus (daher Zuckerföhre!). Heimat: Kalifornien (bis 2500 m). Frostempfindlich, trägwüchsig, verlangt guten Boden und gedeiht nur in milden Lagen (Weinbauklima).

Pinus ayacahuite Ehrenb., Mexikanische Weymouthskiefer.

Pinus excelsa Wall.,
Tränenkiefer, Himalajaweymouthskiefer

Unterscheidet sich von der gemeinen Strobe durch die aus-

Fig. 41.
51jähriger Weymouthskiefernbestand bei Freising. Phot. Münch.

einanderfallenden, mehr hängenden Nadeln der Kurztriebe. Zapfen mit tränenartigen Harztropfen bedeckt (daher Tränenkiefer), ca. 26 cm lang. Himalaja zwischen 1600 und 4000 m. Schnellwüchsiger, aber weniger frosthart als die Strobe (Fig. 40).

Pinus peuce Griseb., Rumelische Strobe[1])

Der vorigen sehr nahestehend, Nadeln steifer und kürzer, Zapfen viel kürzer (8—13 cm). Gebirgsbaum der Balkanländer (Taygetus, Balkan), 1600 bis 2000 m; in der Latschenregion buschartig. Vollkommen frosthart, ziemlich widerstandsfähig gegen den Blasenrost.

In der 3. Sektion ***Paracembra*** (mit fichtenähnlicher Markstrahltüpfelung) umfaßt die Untersektion *Balfouria* gleichfalls noch Fünfnadler. Ihre Heimat ist das pazifische Nordamerika.

Pinus aristata Engelm., *Foxtail pine*

Nadeln 3—5 cm lang, trägwüchsig, in Süddeutschland frosthart. Benadelung sehr dicht, weil die Nadeln lang hängen bleiben, daher als Zierbaum bemerkenswert. Felsengebirge.

Pinus Balfouriana A. Murr., *Foxtail pine*

Nadeln 2,5—3 cm lang, Benadelung wie bei voriger. Nordkalifornien. In den Gärten häufig mit *P. aristata* verwechselt.

Die Arten der Untersektion *Gerardiana* = *Parrya* sind dagegen meist drei- (1—5-) nadelig und weichen durch fast flügellose Samen ab; sie sind teils in Asien, teils in Nordamerika heimisch; die wertvollste ist:

Pinus Gerardiana Wall., *Himalaya edible pine*

Nadeln 8—10 cm lang, Same eßbar. Westliches Himalajagebirge; zum Anbau auf trockenen heißen Hängen in Südeuropa empfohlen.

Pinus Bungeana Zucc., Chinesische Silberföhre

2—3 Nadeln, 5—7 cm lang, Borke plattenartig (ähnlich Platane) abspringend. Nördliches China, in Süddeutschland frosthart.

Pinus cembroides Zucc., *Mexican Piñon*, 2—3 Nadeln, 5 cm lang, südliches Felsengebirge. *Pinus edulis Engelm.*, *Piñon*, 2—3 Nadeln nur 2,5 cm lang, Heimat wie vorige. *Pinus monophylla Torr. et Frem.*, *Single leaved Piñon*, Nadeln 1—3, 5 cm lang, Kalifornien. *Pinus Parryana Engelm. (P. quadrifolia Ludw.)*, 2, 3 oder 4 Nadeln, 2,7 cm lang, Kalifornien.

[1]) *P. peuce* ist der einzige in Europa einheimische Vertreter der Sektion *Strobus*. Fossile, im Tertiär Europas häufig gefundene Reste einer ausgestorbenen Strobe *(P. Palaeostrobus)* weisen darauf hin, daß die rumelische Strobe ein Relikt einer ehemals weiter verbreiteten Pflanzenform darstellt.

B. Untergattung Diploxylon

4. Sektion ***Sula*** mit nur zwei Arten:

Pinus longifolia Roxb., Emodikiefer; Nadeln 23—30 cm; bei uns nicht winterhart. Westhimalaja.

Pinus canariensis Smith, Nadeln 20—30 cm, *Canaren.*

Fig. 42. Zapfentragender Zweig von *Pinus palustris Mill.*

Die Zweinadler-Sektionen *Eupitys* = *Pinaster*, *Banksia* = *Murraya* und *Pinea* wurden bereits eingangs S. 64—76 besprochen.

Die 8. Sektion *Australes* umfaßt die nordamerikanischen „Südkiefern", welche hervorragendes Nutzholz („*Pitch-pine*" des europäischen Handels) liefern, aber erst im mediterranen Klimagürtel gedeihen:

Pinus palustris Mill. (= *P. australis Mich.*), *Longleaf pine*, Parkettholzkiefer

Nadeln 34 cm lang. Von dieser Kiefer stammt z. T. das in Europa so genannte Pitchpineholz[1] (hart, schwer, als Parkettholz sehr geschätzt), nicht von *P. rigida*, der „*pitche pine*" der Amerikaner (s. S. 85). Südstaaten im Osten der Union. In Mitteleuropa nicht winterhart (Fig. 42).

Fig. 43. Zapfen von *Pinus Coulteri Don.*

Pinus caribaea Morelet, Südostküste der Vereinigten Staaten, *P. occidentalis Sw.* (= *cubensis Griseb.*), Swamp pine, Kuba und Haiti.

Die 9. Sektion ***Khasia*** wird wegen der 3-Nadeligkeit vielfach mit der Sektion *Taeda* vereinigt, ist aber durch ihr dem Pinasterholz vollkommen gleichgebautes Holz unterschieden, hierher die wenig wichtigen Arten:

Pinus Khasiana Royle (Khasiaberge) und *Pinus insularis Endl.* (Philippinen).

Die Arten der 10. Sektion ***Pseudostrobus*** (wegen der vorwiegenden Fünfnadeligkeit; Zapfen wie bei Pinaster) sind vorwiegend nordamerikanisch:

Pinus Jeffreyi Murr., *Jeffrey pine*

Nadeln bis 25 cm lang, abstehend, Triebe im ersten und zweiten Jahr bereift. Zapfen sehr groß, 12—18 cm lang, mit weit zurückgebogenen Nabeldornen. Heimat: Kalifornien; bis 60 m hoch. Ziemlich winterhart, aber empfindlich gegen Frühfrost.

---

[1]) Das Pitchpine des europäischen Holzhandels stammt von
P. palustris (= *australis*) } *Longleaved yellow pine* = *yellow p.*
P. heterophylla (= *cubensis*) }
P. echinata = *mitis* } *Shortleaf* = *Carolina pine*,
P. Taeda }
alle im Süden der Vereinigten Staaten.

Pinus ponderosa Dougl., Gelbkiefer, *Yellow pine*
(= *P. Benthamiana*)

Nadeln 12—25 cm lang, Triebe unbereift. Heimat: Pazifische Staaten der Union, wird sehr hoch (60—90 m); vom 5. Jahre an raschwüchsig; in Norddeutschland frostgefährdet. Forstlich hat sie bis jetzt versagt, doch hat man beim Anbau nicht die Samenherkunft aus ihrem sehr weiten Verbreitungsgebiet (von der Westküste bis zur Prärie) berücksichtigt.

Pinus scopulorum Lemm., *Rock pine*

Wohl nur eine Varietät der vorigen; unterscheidet sich durch kürzere (oft nur zu zweien im Kurztrieb stehende) Nadeln, bereifte Triebe, größere Frosthärte. Heimat: Felsengebirge.

Pinus arizonica Engelm., *Arizona pine*, Nadeln 10—17 cm lang; braucht Kastanienklima (Arizona), (nach Beißner) eine niedrige Form von *P. ponderosa*.

Pinus Mayriana Sudworth, Nadeln bis 30 cm. Arizona.

Pinus Pseudostrobus Lindl. (Mexiko).

Pinus chihuahuana Engelm., Chihuahuakiefer. Nadeln zu 3, 10—12 cm lang. Neumexiko.

P. Montezumae Lamb., *P. Hartwegii Lindl.* (Mexiko).

Pinus Torreyana Parr., Nadeln 25 cm lang (Südkalifornien).

Die 11. und letzte Sektion ***Taeda*** steht im Aufbau ihrer Triebe (jährlich zwei Wirtel), den vielfach jahrelang am Zweig haftenden Zapfen und holzanatomisch der Sektion *Banksia* = *Murraya* nahe und unterscheidet sich eigentlich nur durch vorwiegende Dreinadeligkeit. Einige Arten, besonders *Pinus rigida* wurden bei uns schon vor Jahrzehnten versuchsweise forstlich angebaut, haben aber wenig entsprochen. *Pinus rigida Mill.*, *Pitch pine* (der Amerikaner), Pechkiefer.

Nadeln zu drei, 10 cm lang, Zapfen zu 2—4 gehäuft, abstehend, mit rückwärts gerichtetem Nabeldorn. Hohes Ausschlagsvermögen (infolgedessen wenig empfindlich gegen Wildverbiß); sie überdauert daher sogar Waldbrände.

Heimat: Nordoststaaten der Union. Sehr genügsam, verträgt Hitze, Frost und Schneedruck. Gleichwohl ist sie forstlich ziemlich wertlos, weil sie in Holz und Stammform der gemeinen Kiefer sehr nachsteht, doch eignet sie sich zu vorübergehender Einmischung in Kiefernkulturen als Treibholz. Daß sie in deutschen Forsten viel angepflanzt wurde, ist auf die Verwechselung mit der das wertvolle Pitchpineholz liefernden *P. palustris* (*longleaved pine* der Amerikaner) zurückzuführen.

Pinus Taeda L., Loblolly pine

Nadeln meist zu drei, 25 cm lang, Zapfen glänzend, Apophyse mit scharfer Querleiste und stechendem Nabel. Heimat: Südost-

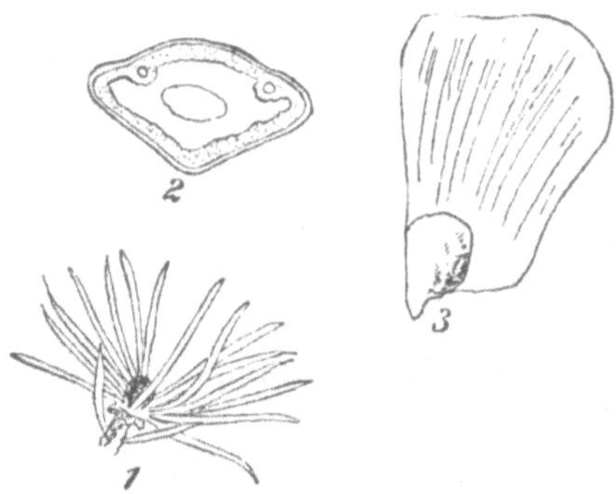

Fig. 44. *Cedrus atlantica Man.* 1 Kurztrieb (1/1); 2 Nadelquerschnitt (unter der Epidermis ein Ring von mechanischen Zellen, welche auch die zwei Harzgänge umschließen) (20/1); 3 Same (1/1).

staaten der Union; verlangt Kastanienklima. Was in Deutschland unter dem Namen *P. Taeda* kultiviert wird, ist meist *P. rigida.*

Auch die nachstehenden Arten gedeihen bei uns nur in milden Lagen:

Pinus Coulteri Don., Bigcone pine, mit Nadeln von 27 cm Länge und sehr großen (25—35 cm) Zapfen (Fig. 43). Kalifornien.

Pinus Sabiniana Dougl., Gray pine, Nadeln bis 30 cm. Kalifornien.

Pinus serotina Mich., Poud pine, Morastkiefer, atlant. Südstaaten.

Pinus radiata Don. (= P. insignis Dougl.), Monterey pine. Nadeln meist 3 im Kurztrieb, 15 cm lang; braucht mildes Klima, eignet sich aber zum Aufforsten trockener Hügel; W. Nordamerika.

Fig. 45. *Cedrus Deodara* in den Bahnhofsanlagen in Bozen.

Pinus attenuata Lemm. (P. tuberculata Mich. f.), Warzenkiefer, *Knobcone pine*. Nadeln zu 3, seltener zu 2 im Kurztrieb, 7—13 cm lang, Apophysen der Zapfen sehr weit vorspringend. Westliches Nordamerika.

Cedrus *Link.*, Zeder (Fig. 44—46)

Drei Arten der Alten Welt (Afrika und Asien).

Nadeln stechend, immergrün, zahlreich im Kurztrieb, oder einzeln am Langtrieb (ähnlich *Larix*); auch die Ver-

Fig. 46. *Cedrus atlantica.*

zweigung ist diejenige der Lärchen. ♂ Blüten an der Basis von einem Nadelbüschel umgeben, Zapfen im 2.—3. Sommer reifend, bei der Reife zerfallend, Deckschuppen sehr klein, am reifen Zapfen nicht sichtbar; Fruchtschuppen groß, breiter als lang; Samen mit sehr großen Flügeln und weicher, Terpentinblasen einschließender Samenschale. Keimlinge mit 8—10 Kotyledonen.

Cedrus Deodara (Roxb.) Loudon, Himalajazeder, Deodar

Sie unterscheidet sich von den beiden andern Arten durch die viel längeren (bis 5 cm), aber weniger starren Nadeln. Äste und Gipfel hängen (auch bei älteren Bäumen) über. Zapfen 8—12 cm. Schuppen unbehaart.

Heimat: Himalaja zwischen 1000 und 4000 m. Diese Zeder ist die frostempfindlichste, gedeiht aber in milden Lagen auch in Deutschland ziemlich gut, sehr gut in Südeuropa (Fig. 45).

Cedrus libanitica Trew = C. libani Barr.
Libanonzeder,

mit kurzen (3,5 cm), starren dunkelgrünen Nadeln, jung mit überhängendem Wipfel, später breit schirmförmig, etagenartig aufgebaut; Zapfen 6—10 cm lang. Schuppen behaart.

Heimat: Libanon und Taurus, größtenteils ausgerottet[1]), außerdem auf Cypern; trägwüchsig, bei uns frostgefährdet.

Cedrus atlantica Manetti, Atlaszeder

Nadeln etwas kürzer und steifer als bei voriger, meist blaugrün oder silbergrau. Gipfel stets aufrecht, Krone dauernd spitz; Zapfen kürzer (5—6 cm). Schuppen behaart. Heimat: Atlasgebirge, bis 1000 m ü. M.; die härteste der Zedern, schnellwüchsig, gedeiht aber in Deutschland auch nur in milden, luftfeuchten Lagen (Fig. 44 u. 46).

Larix Mill., Lärche

10 Arten der nördlich gemäßigten Zone.

Nadeln weich, nicht stechend, sommergrün, einzeln am Langtrieb oder zahlreich im Kurztrieb. Äste nicht in Quirlen, sondern zerstreut; ♂ Blüten aus einer Kurztriebknospe vorjähriger oder älterer Zweige; ♀ am Grunde von einem Nadelbüschel umgeben, weil aus dem oberen Teil einer Kurztriebknospe hervorgegangen. Deckschuppe anfangs groß, Fruchtschuppe klein, bei der Reife des Zapfens umgekehrt. Zapfen am Ende des ersten Jahres reifend, aufwärts gekrümmt, lederig-holzig, bleiben oft noch einige Jahre am Zweig stehen. Samen mit Flügel versehen.

---

[1]) Das sog. westindische oder spanische Zedernholz stammt von einer dikotylen Pflanze: *Cedrela odorata (Meliaceae)*. Es liefert das Material zur Herstellung der Zigarrenkisten. Vgl. auch *Juniperus virginiana*.

Die sichere Unterscheidung der Lärchenarten ist nur möglich auf Grund der Zapfen.

Larix decidua Mill. (= *L. europaea DC.*),
Lärche, Lorche, früher auch Lierbaum (Fig. 47/48)

Nadeln zart, hellgrün, im Herbst goldgelb, 2—5 cm lang, 1—1 $^1/_2$ mm breit, mit zwei Harzgängen in den Kanten, an den Kurztrieben sehr verschieden lang (die längeren innen, die kürzeren außen).

♂ Blüten eiförmig-kugelig, 0,5—1 cm lang. Pollen ohne Flugblasen; ♀ Blüten mit karminroten Deckschuppen und hellgrünen, rotgeränderten (kleineren) Fruchtschuppen; letztere wachsen nach der Befruchtung rasch heran, während die Deckschuppen vertrocknen.

Zapfen 2—4 cm lang, 2 cm breit, meist rot, seltener grün (ähnlich Fichte, z. T. Rassenmerkmal) durchwachsene Zapfen nicht selten. Samen klein, 4—5 mm lang, dreieckig; an der Oberseite mit dem Flügel verwachsen, an der Unterseite weißlich mit braunen Punkten.

Keimung 3—4 Wochen nach der Saat; natürliches Keimprozent infolge hohen Hohlkornanteils gering, nach Abtrennung des Hohlkorns entsprechend höher (infolge geringer Gewichtsunterschiede bereitet die Abtrennung des Hohlkorns größere Schwierigkeiten als bei Fichte und Kiefer und ist erst durch neuere Verfahren einigermaßen gelungen). Keimblätter 5—7, dreikantig ca. 1 $^1/_2$ cm lang. Die einzelstehenden, ganzrandigen Primärnadeln unter der Gipfelknospe überwintern (Atavismus, phylogenetisches Grundgesetz). Zahlreichere Kurztriebe erst vom dritten Jahre an. Jugendwachstum rasch; größte Höhe über 50 m. An natürlichen Standorten wird ein Alter von 600—700 Jahren erreicht. Der Stamm reinigt sich leicht von toten Ästen; Äste zweiter Ordnung hängend. Der Stamm bildet leicht Klebäste.

Wurzelsystem kräftig, mit Pfahlwurzel und mehreren Herzwurzeln (große Sturmfestigkeit).

Holz sehr wertvoll, harzreich. Splint gelb, schmal, Kern braunrot, hart, schwer, gegen Nässe widerstandsfähig, daher zum Bergbau, zu Wasserleitungsröhren usw. verwendet; das Holz der im Hochgebirge erwachsenen Bäume (Stein- oder Jochlärchen) ist höher geschätzt als das der Tal-

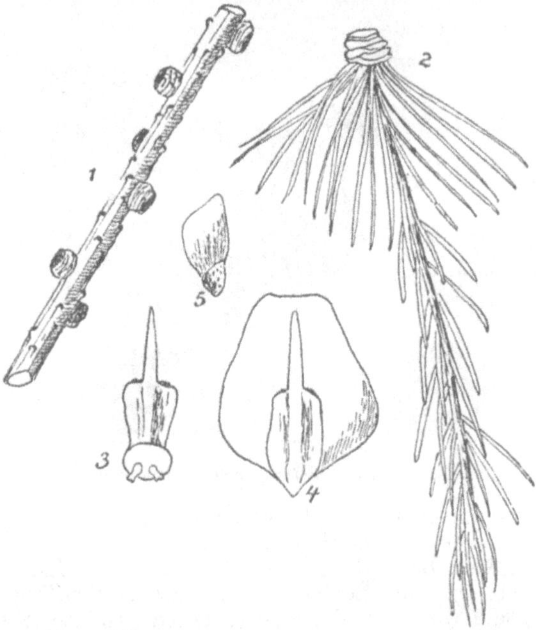

Fig. 47. *Larix decidua Mill.*

1 Zweig im Winterzustand ($^{1}/_{1}$); 2 Kurztrieb ausgewachsen ($^{1}/_{1}$); 3 Schuppe der ♀ Blüte von innen, mit langer gegrannter Deckschuppe, kreisrunder Fruchtschuppe und 2 umgekehrten Samenanlagen ($^{3}/_{1}$); 4 Zapfenschuppe im ausgewachsenen Zustand von außen ($^{3}/_{1}$); 5 Same ($^{3}/_{1}$).

lärchen (Graslärchen); anatomisch unterscheidet es sich kaum vom Fichtenholz (s. S. 53). Rinde gerbstoffreich, Schuppenborke karminrot.

Die Lärche stellt mäßige Ansprüche an den Boden, verlangt aber volles Licht und reichlich Standraum zur Kronenentfaltung. Als Hochgebirgsbaum beansprucht sie wenig Wärme.

Natürliche geographische Verbreitung[1]): Alpen (in allen Höhenlagen bis zur Baumgrenze, 2400 m), Karpathen und Sudeten (bis 800 m), Polen; durch Kultur ist die Lärche

Fig. 48. *Larix decidua.* Zweig mit Zapfen.

aber jetzt im ganzen nördlichen Europa verbreitet (Schottland, Norwegen bis 69. Grad n. Br.).

Im alpinen Bergwald geht die lichtbedürftige Lärche als Pionierholzart auf Rohböden dem Alpenrosen-Zirbelwald voraus und wird von diesem schattenertragenderen Schlußverein (Klimax) schließlich völlig verdrängt.

Klimarassen. Die „Jochlärchen" der alpinen Hochlagen sind erblich trägwüchsig und mißraten im Tiefland. Für den Anbau außerhalb der Heimat hat sich in Mittel- und Norddeutschland seit 200 Jahren besonders die Sudetenlärche als raschwüchsig, geradschaftig, feinastig, relativ spätfrosthart und schattenertragend und daher auch krebsfest bewährt. Wahrscheinlich besitzen ähnliche Vorzüge aber auch Her-

[1] Vergl. Verbreitungskarte 2.

künfte aus tieferen Lagen des großen Alpenareals (z. B. Wienerwaldlärche). Am besten verwendet man außerhalb der Heimat Saatgut aus örtlich bereits bewährten Beständen (Harbke, Schlitz usw).

Asiatische Lärchen:

Larix sibirica Ledebour

♀ Blüten grün (nicht rot!), Zapfen größer, stärker behaart; treibt früher aus und wirft die Nadeln früher ab, hat geraderen Schaft und leidet weniger unter Krebs, dagegen ist sie in der Jugend oft sehr trägwüchsig. Heimat: Nordasien, wo sie große Wälder bildet (48% der Waldfläche der Sowjetunion). Bei uns vollkommen winterhart. Berühmte Anbauten auf der Karelischen Landenge (Raivola).

Larix leptolepis Gordon (= *L. japonica Carr.*) = *L. Kaempferi Sarg.*, Japanische Lärche, Hondolärche

Nadeln mehr blaugrün, Triebe rotbraun (bei *L. decidua* graugelb), Fruchtschuppen gelbgrün mit rotem Rand. Zapfen kürzer als bei *L. decidua*, $1^1/_2$—$3^1/_2$ cm lang, aber etwas breiter; am reifen Zapfen sind die Fruchtschuppen etwas nach unten zurückgeschlagen (Fig. 49). Zentraljapan, winterhart. Leidet wenig unter Krebs und Motte, gilt aber als dürreempfindlich, weshalb ihr früher sehr hoffnungsvoller Anbau meist aufgegeben wurde. Auch bleibt sie nach sehr raschem Jugendwachstum später meist hinter der europäischen Lärche zurück.

Fig. 49. *Larix leptolepis*. Zweig mit Zapfen.

Larix dahurica Turczan (= *L. Gmelini* [*Rupr.*] *Ledeb.*)

Triebe unbehaart, rosa bereift, Nadeln sichelförmig, Zapfen klein, sehr klaffend (ähnlich *Tsuga*). Heimat: Amurgebiet und Sacchalin, an der Polargrenze als Krummholz; frosthart, obwohl frühausschlagend; wird oft mit *L. americana* verwechselt.

Larix curilensis Mayr, Kurilenlärche

Junge Triebe blaurot, bereift, Nadeln ziemlich steif, sichelförmig gekrümmt. Zapfen 1,5—2,5 cm, dunkelrot.

Heimat: Kurilen, bei uns frosthart (dabei — ohne Schaden — sehr früh asutreibend) und sehr raschwüchsig.

Larix Principis Rupprechtii Mayr, der europäischen Lärche nahestehend, mit (2 cm) langgestielten, ziemlich großen (4 cm) Zapfen. Mongolei. Die beiden letztgenannten, von H. Mayr aufgestellten Arten werden von neueren Autoren meist nur als Varietäten von *L. dahurica* betrachtet.

Larix Potaninii Batalin = chinensis Beissn., Südchina.

Larix Griffithii Hook, Indische Lärche

Langzylindrische Zapfen (5—8 cm) mit zungenförmig zugespitzten und zurückgeschlagenen Deckschuppen. Heimat: Östlicher Himalaja, Tibet; nur in milden Lagen winterhart.

Amerikanische Lärchen:

Larix laricina Koch (= *L. americana Mich.* = *L. microcarpa Lamb.*), Tamarak, Ostamerikanische Lärche

Zapfen sehr klein, 1—2 cm, fast kugelig mit nur ca. 10 Schuppen. Östliches Nordamerika von Virginia bis Kanada, häufig auf sumpfigem Boden, in Deutschland winterhart. Durch Insektenfraß (*Nematus Erichsonii*) in Amerika größtenteils vernichtet.

Larix occidentalis Nutt., Tamarak, Westamerikanische Lärche

Ähnlich der europäischen Lärche, von ihr durch die verlängerten, die Fruchtschuppen überragenden Deckschuppen unterschieden. Westliches Nordamerika, in Gebirgen bis 2000 m; winterhart, aber trägwüchsig.

Larix Lyallii Parl., Tamarak, Triebe wollig behaart, Deckschuppe mit grannenartiger Spitze, Zapfen 4 cm lang. Niedriger Baum der höheren Regionen in den Gebirgen von Britisch-Kolumbien (ca. 50. Grad n. Br.).

Fig. 50. *Pseudolarix Kämpferi*, Zapfen am winterkahlen Zweig.

Pseudolarix *Gord.* (Fig. 50, 51)

Zapfen aufrecht, bei der Reife zerfallend, ♂ Blüten in Dolden an der Spitze von Kurztrieben, Nadeln breit säbelförmig.

Nur eine Art:

Pseudolarix Kämpferi Gord.
(=*Ps. Fortunei Mayr*),
Chinesische Goldlärche

Nadeln im Herbst vor dem Abfall goldgelb (Name!), Zapfen 6—7 cm lang, Fruchtschuppen eiförmig, Deckschuppen sehr klein lanzettlich. Holz hart und dauerhaft. Heimat: Gebirge des nordöstlichen China, wird dort bis 40 m hoch. Bei uns zwar winterhart, aber meist nur in Krüppelform, weil in Veredelungen vorhanden.

6. Familie *Taxodiaceae*

Charakteristik der Familie s. Übersicht S. 21.

Übersicht der Gattungen:

A. Langtriebe mit kleinen Schuppenblättern; in deren Achseln, wirtelig gedrängt, nadelartige Kurztriebe („Doppelnadeln") *Sciadopitys.*

B. Kein solcher Gegensatz zwischen Lang- und Kurztrieben.

1. Zapfenschuppen schildförmig, Keimbl. 4—9.

a) Bl. an kurzen Zweigen, Blätter immergrün *Sequoia.*

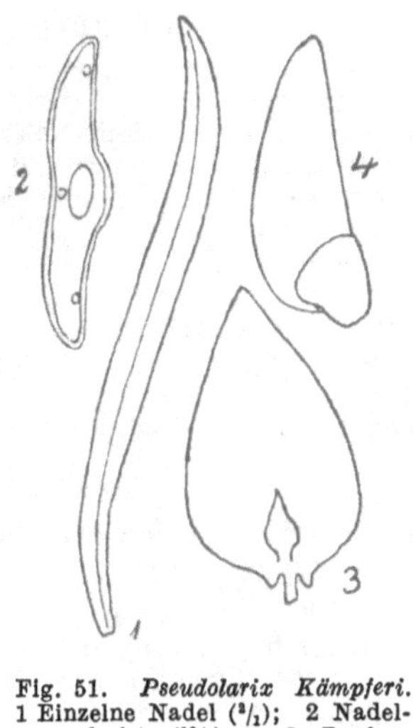

Fig. 51. *Pseudolarix Kämpferi.* 1 Einzelne Nadel (3/1); 2 Nadelquerschnitt (12/1); 3 Zapfenschuppe von außen (Deckschuppe sehr klein) (1/1); 4 Same (wenig vergrößert).

b) Bl. in rispigen Ständen, fiedrig beblätterte Seitenzweige sommergrün, als ganzes abfallend *Taxodium*,
ähnlich auch die 1945 entdeckte Gattung *Metasequoia* (vgl. S. 103).

2. Zapfenschuppen ± dachziegelig, Keimbl. meist 2.
a) Samenanlagen aufrecht . . . . *Glyptostrobus* und *Cryptomeria*.
b) Samenanlagen hängend
α) mit großen, lineal-sichelförmigen Nadeln *Cunninghamia*
β) mit Schuppenblättern *Arthrotaxis* u. *Taiwania*.

Sciadopitys *Sieb. et Zucc.*, mit nur einer Art:

Sciadopitys verticillata Sieb. et Zucc.,
Japanische Schirmtanne

Kurztriebe (verwachsene Doppelnadeln) zu je 20—40 im Quirl stehend, schirmförmig ausgebreitet, 6—15 cm lang, 3—7 mm breit, in der Achsel von Schuppenblättern, Zapfen 7—10 cm lang, eiförmig-elliptisch, Fruchtschuppe und Deckschuppe verwachsen, Rand der ersteren etwas zurückgerollt. Samenreife nach zwei Jahren. Samen braun, schmal, geflügelt, ca. 1 cm lang, zu je 7 der Fruchtschuppe aufgewachsen (Fig. 52). In der Region der Edelkastanie und Eiche (400—1000 m) im mittleren Japan heimisch[1]), liefert ein ausgezeichnetes, leichtes, weißes, kernfreies, elastisches Holz, ist in der Jugend trägwüchsig, gedeiht aber sonst in milden Gegenden gut, und ist ziemlich winterhart. Erträgt viel Schatten (ähnlich der Tanne) und braucht frischen, kräftigen Boden.

Cunninghamia *R. Br.*, mit nur einer Art:

Cunninghamia lanceolata (Lamb.) Hook. (= *C. sinensis R. Br.*)
Spießtanne, Zwittertanne

Nadeln steif, langzugespitzt mit einem Mittel- und zwei Randnerven, schwertförmig, mit gesägtem Rand, auf der Unterseite mit zwei weißen Spaltöffnungsreihen, am Zweig herablaufend, ± zweizeilig angeordnet.

---

[1]) Im europäischen Tertiär war *Sciadopitys* zeitweilig so häufig, daß die fossilen Nadelmassen in der Braunkohle bezeichnende Horizonte bilden („Graskohle").

Zapfen walnußgroß, Schuppen abstehend, dünn, in der Form an Birkenkätzchenschuppen erinnernd, aber größer. Samenreife einjährig. Samen zu je drei auf der Schuppe, schmal geflügelt. Keimling mit 2 Kotyledonen. Baum von 12—15 m Höhe, heimisch im südlichen China. Die Benadelung erinnert an *Araucaria Bidwilli*, jedoch ist die Verzweigung nicht so regelmäßig, wie bei einer Aurakarie[1]). Holz sehr fein, leicht und dauerhaft. In Europa nur im wintermilden atlantischen Westen als Zierbaum anbaufähig.

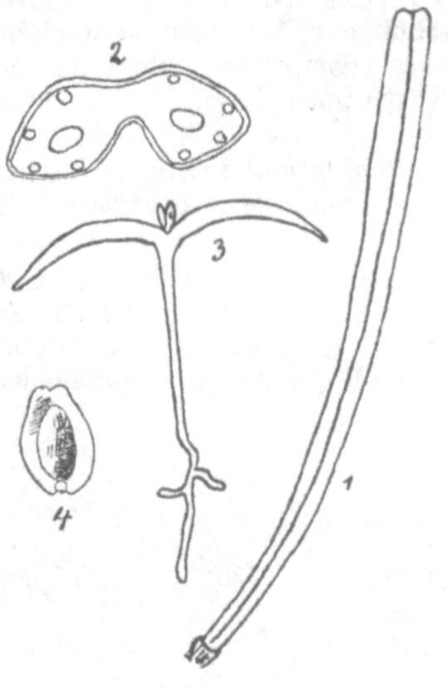

Fig. 52. *Sciadopitys verticillata Sieb. et Zucc.* 1 Doppelnadel ($^3/_1$); 2 Querschnitt durch eine Doppelnadel ($^{12}/_1$); 3 Keimpflanze ($^1/_1$); 4 Same ($^1/_1$).

Arthrotaxis Don

Drei Arten in Tasmanien.

Nadeln angedrückt, schuppenartig, oder kurz zugespitzt, Fruchtschuppe als wulstförmiger Rand der Deckschuppe angedeutet, auf jeder Schuppe 3—5 Samen.

A. cupressoides Don, A. laxifolia Hook. und *A. selaginoides Don*

Wie die Artnamen z. T. schon ausdrücken, haben die Pflanzen zypressen- bzw. selaginellenähnliches Aussehen. Sie brauchen Seeklima, gedeihen dementsprechend in England im Freien, in Deutschland nur im Kalthaus.

[1]) Die in Europa kultivierten Pflanzen stammen meist von Stecklingen und haben sehr unregelmäßigen Wuchs. Bei Anzucht aus Samen werden schöne, regelmäßig gestaltete Bäume erhalten.

Sequoia [1]) *Endl.*

Zwei Arten in Kalifornien.

Blätter schuppen- oder nadelförmig. Deck- und Fruchtschuppe vollkommen verwachsen, am oberen Rand in ein quer rhombisches Schild mit zentralem Nabel verbreitert. Kotyledonen 2—6.

Sequoia gigantea (Lindl.) Decaisne (= *Wellingtonia gigantea Lindl.*), Mammutbaum, Wellingtonie, *Big tree*, Riesensequoie

Nadeln allseitswendig stehend, dreieckig pfriemlich, ca. 5 mm lang, mit breitem Grund am Zweig herablaufend (die Benadelung erinnert an *Cryptomeria japonica* und *Araucaria excelsa*). An den zapfentragenden Zweigen sind die Nadeln kürzer, breiter und mehr angedrückt. Zapfen (Fig. 53) eiförmig, 5 bis 6 cm lang, Querdurchmesser der rhombischen Schilder ca. 15 mm. Samenreife im 1. Jahr; Samen 6 mm lang, schmal geflügelt, zu je 5 auf jeder Schuppe, Keimling mit 3—5 Keimblättern.

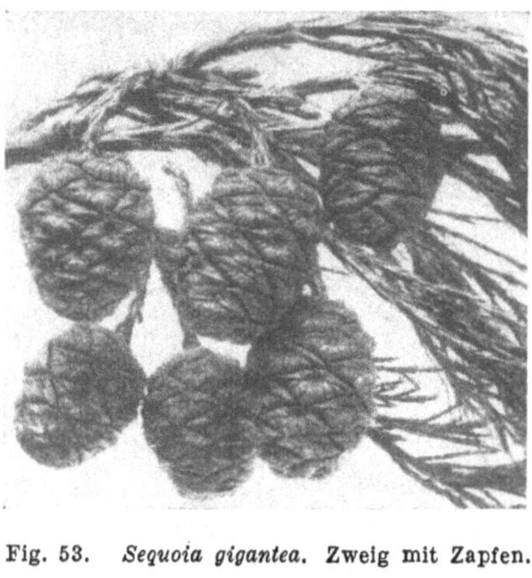

Fig. 53. *Sequoia gigantea.* Zweig mit Zapfen.

Die Wellingtonie ist die größte Konifere und einer der größten Bäume überhaupt. Durchschnittliche Höhe alter Bäume 90 m; größte Dimensionen 120 m Höhe und 16 m Durchmesser, davon kommen 60 m auf den ast-

[1]) Nach dem Indianerhäuptling Sequo Yah genannt, der den Cherokees die Schriftsprache gegeben hat.

reinen Schaft. Rinde eine weiche Ringelborke (kann bis 0,5 m dick werden). Wuchs konisch (bis in hohes Alter) mit dichter Seitenbeastung und abholzigem (stark sich verjüngendem) Stamm. Holz sehr leicht und weich, aber dauerhaft. Kern rötlich, Splint weiß bis gelb (nur etwa 10 cm mächtig). Alter unter Umständen sehr bedeutend, ca. 1500 Jahre und mehr (bis 3200 Jahre). Heimat: Sierra Nevada (Kalifornien). Die noch vorhandene Zahl alter Wellingtonien ist beschränkt, weshalb dieselben, um sie vor Ausrottung zu schützen, von der Unionsregierung als Nationaleigentum erklärt wurden.

Fig. 54. *Taxodium distichum.* Zweig mit Zapfen.

Die Wellingtonie gedeiht bei uns nur in mildesten Lagen gut; sonst ist sie in kalten Wintern sehr gefährdet.

Nach Löbner können durch Samenauslese (aus höheren Lagen) frostharte Rassen gezüchtet werden.

Sequoia sempervirens (Lamb.) Endl. (= *Taxodium sempervirens Lamb.*), Küstensequoie, Eibensequoie, *Red wood, Giant of the forest*

Nadeln eibenähnlich, 10—20 mm lang, zweizeilig gescheitelt, zugespitzt, am Zweig herablaufend. Nadeln der fertilen Zweige kürzer, allseitswendig, fast schuppenförmig, ähnlich denjenigen der Wellingtonie.

Zapfen klein, 15—20 mm lang, sonst wie diejenigen der Wellingtonie, mit je 5 breit geflügelten Samen auf der Schuppe.

7*

Redwood ist der wertvollste Nadelbaum Westkaliforniens (besonders bei San Francisco und Santa Cruz), wo er an den Abhängen der Täler in milden Lagen (bis 700 m) reine oder mit Douglastanne gemischte Bestände bildet; er erreicht fast die gleiche Höhe wie die

Fig. 55. Alte *Sequoia gigantea.*

Wellingtonie (bis 115 m) und gleichen Durchmesser, ist gleichfalls sehr abholzig. Holz sehr geschätzt. Ausschlagsvermögen bei dieser (wie bei der vorhergehenden) Art sehr groß.

Die Küstensequoie gedeiht in Deutschland nur in mildesten Lagen, wohl aber in Südeuropa (auf frischen Standorten), sowie in England und Irland.

Anm. Die beiden Sequoien sind die Reste einer in früheren Erdepochen viel weiter verbreitet gewesenen und sehr formenreichen

Gattung. In der Kreide trat sie zuerst auf und erreichte in der oberen Kreide und im Tertiär den Höhepunkt ihrer Entwicklung. Fossile Reste von Sequoien wurden gefunden in Europa, Asien, Grönland, Spitzbergen und Nordamerika. Die Stämme der tertiären Sequoien nehmen wesentlichen Anteil an der Braunkohlenbildung.

Cryptomeria Don,

mit nur einer japanischen Art:

Cryptomeria japonica Don, Japanische Zeder

Nadeln in fünf Zeilen, pfriemlich, 3—4kantig, schwach aufwärts gebogen, herablaufend; Zapfen kugelig, 1,5—3 cm lang. Fruchtschuppe mit der Deckschuppe nur in der unteren Hälfte verwachsen. Obere Hälfte der Deckschuppe hakenförmig nach rückwärts gekrümmt, obere Hälfte der Fruchtschuppe gezähnt. Die Samen (flach bis dreikantig, dunkelbraun, 4—6 mm lang, 2—3 mm breit) reifen im ersten Jahr und fallen aus (Fig. 56).

Fig. 56. *Cryptomeria japonica Don.* 1 Stück eines beblätterten Zweiges (1/1); 2 Nadelquerschnitt (10/1); 3 Same (1/1).

Keimling mit drei Kotyledonen (ca. 10 mm lang), Primärblätter in einem 2—4 zähligen Quirl, folgende Nadeln in dreizähligen Quirlen. Holz sehr leicht, weich, dauerhaft, mit rotem Kern. Heimat: Gebirge des südlichen Japan (200—800 m). Der Baum erreicht 40—60 m Höhe, ist empfindlich gegen Trockenheit der Luft und sehr lichtbedürftig.

Bei uns gedeiht die Kryptomerie gut nur in milden Lagen und auf frischem Boden. Am meisten Winterkälte ertragen jene Rassen, welche sich im Winter intensiv rot färben.

Taxodium Rich.,

mit drei Arten in Nordamerika.

Die Taxodiumarten unterscheiden sich von allen anderen Taxodiaceen außer der jüngstentdeckten Schwestergattung

Metasequoia durch ihre einjährigen Blätter, welche zum Teil einzeln, zum Teil samt den Trieben abgeworfen werden. ♂ Blüten in Ähren oder Rispen; ♀ Blüten am Grund der ♂ Blütenstände oder an besonderen Zweigen.

Zapfen kugelig, Deck- und Fruchtschuppen vollkommen verwachsen, mit apophysenartigem, rhombischem Endwulst und zentralem Nabel. Samen, je zwei in der Achsel einer Schuppe, mehr kantig, ungeflügelt. Keimlinge mit 5—9 Kotyledonen.

Fig. 57. *Taxodium distichum Rich.* 1 Teil eines Kurztriebes ($^1/_1$); 2 Nadelquerschnitt mit einem Harzgang ($^{12}/_1$) 3 Same ($^1/_1$).

Taxodium distichum Rich.,
Virginische Sumpfzypresse
Bald cypress.

Nadeln zart, 1—$1^1/_2$ cm lang (Fig. 57).

Zapfen 20—25 mm lang, fast ebenso breit; Samen 12 bis 15 mm lang, vielflächig, braun; Keimlinge mit sechs Kotyledonen. Stamm astrein, gerade, mit rotbrauner längsrissiger Borke bedeckt; abholzig. Das Holz besteht aus gelbem Splint und braunem, sehr dauerhaftem Kern.

Die Wurzeln streichen flach und bilden in nassem oder sumpfigem Boden (am Rand von Gewässern) eigentümliche knieförmige Auswüchse, welche als Atmungsorgane dienen (die von Sumpfwasser bedeckten Wurzeln können nicht atmen).

Heimat: südöstliches Nordamerika von Texas bis Florida (Nordgrenze 43. Grad n. Br., Westgrenze 95. Grad w. L.), bestandbildend auf Sumpf- und nassem Sandboden. In Deutschland in nicht zu rauhen Lagen winterhart, nur in der Jugend frostempfindlich.

Es gibt in Deutschland schon über 100 Jahre alte Bäume von 1 m Durchmesser und bis 20 m Höhe.

Taxodium mucronatum Ten. = mexicanum Carr.
(T. Montezumae Dcsne.)

In den mexikanischen Gebirgen bei ca. 2000 m Meereshöhe heimisch, waldbildend, läßt ihre Laubtriebe erst im Spätwinter abfallen; sie gedeiht nicht in unserem Klima.

Berühmt ist die ca. 4000 Jahre alte „Zypresse des Montezuma" in S. Maria del Tule bei Oaxaka (ca. 40 m hoch, 9 m Durchmesser).

Glyptostrobus *Endl.*,

nur eine Art in Südost-China.

Auch bei dieser Gattung werden zweierlei Triebe gebildet: begrenzte (mit linealen abstehenden Blättchen), welche im Herbst abgeworfen werden, und unbegrenzte, ausdauernde, mit schuppenförmigen Blättern.

Die Bäume wachsen in China an Flußufern und werden auch an den Rändern von Reisfeldern angepflanzt, sie heißen deshalb Wasserfichten (Theu-tsong). Bei uns überwintern sie nur im Kalthaus. Dagegen wären sie in Südeuropa an sumpfigen Orten als Nutzholz zu kultivieren.

Glyptostrobus pensilis (Stount) K. Koch (= Taxodium heterophyllum Brong.), Wasserfichte, Chinesische Taxodie. Hier und da in milden Gegenden Europas kultiviert, in England ziemlich winterhart.

Metasequoia *Miki*

Zunächst auf Grund fossiler Funde aus dem ostasiatischen und nordamerikanischen Tertiär von Sequoia und Taxodium abgetrennte Gattung, welche 1945 in China, Provinz Szetschuan, noch lebend entdeckt wurde.

Einzig lebende Art:

Metasequoia glyptostroboides Hu et Cheng,
chinesisch *shui-sa* = Wasser-Fichte

Sommergrüner, bis 35 m hoher und über 2 m starker Baum mit streng gescheitelt benadelten Sprossen (ähnlich Taxodium). ♀ Bl. in gegenständig beblätterten Zapfen, ♂ in lockeren „Kätzchen" (Fig. 58). Das Holz besitzt einen vom fast weißen Splint scharf abgesetzten kirschroten Kern.

Sämlinge bereits in vielen Botanischen Gärten in Kultur.

Diese Gattung leitet durch die gegenständige Beblätterung bereits zur Familie der *Cupressaceae* über.

Fig. 58. ***Metasequoia glyptostroboides***: 1 beblätterter weiblicher Zweig mit Zapfen, 2 einzelne Zapfen, 3 winterkahler Zweig mit männlichen Bl. Rispen, 4 einzelne männliche Blüte, 5 u. 6 Fruchtschuppe mit Samen. Nach *Hu* aus *Merrill, Arnoldia* **8**, 1948.

7. Familie *Cupressaceae*

Charakteristik der Familie s. Übersicht (S. 22).

Übersicht der Gattungen

I. Unterfamilie *Actinostrobeae*:

Zapfen holzig, Schuppen klappig, von der Spitze her auseinanderweichend, an der Basis angeheftet:

1. Zapfen an der Basis von Hochblättern umgeben. *Actinostrobus.*
2. Zapfen nicht von Hochblättern umgeben *Callitris.*
3. Zapfenschuppen, etwas dachig (Übergang zu folgender Unterfamilie) . . . . *Fitzroya.*

II. Unterfamilie *Thujopsideae*:

Zapfen holzig, Schuppen dachziegelförmig in mehreren Quirlen, unterste steril (Fig. 59).

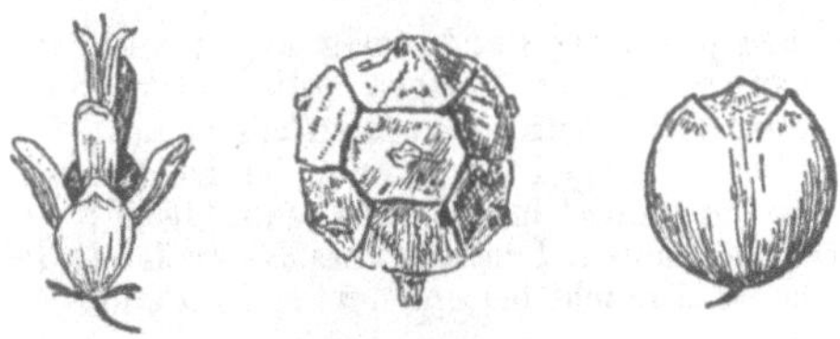

Fig. 59. Zapfen von *Thuja*, *Cupressus* und *Juniperus*. Aus: Huber, Neudammer Forstl. Lehrbuch, 11. Aufl.

1. 4—5 Samen in der Achsel jeder Schuppe *Thujopsis.*
2. Zwei Samen in der Achsel jeder Schuppe.
   a) Zapfen aus sechs Schuppen gebildet[1]), nur das mittlere Paar samentragend . . . . . *Libocedrus.*
   b) Zapfen aus 6—8 Schuppen gebildet.
      α) Zapfen aus 8 Schuppen gebildet, oberstes[2]) und unterstes Paar steril, mittlere mit je zwei Samen . . . . *Thuja.*
      β) Zapfen aus 6 Schuppen gebildet, oberstes Paar[2]) steril, mittlere Schuppen einsamig, unterste Schuppen zweisamig . . . . . *Biota.*

III. Unterfamilie *Cupresseae*:

Zapfen holzig, Schuppen schildförmig, klappig, im Mittelpunkt des Zapfens angeheftet (Fig. 59).

1. Schuppen vielsamig . . . . *Cupressus.*
2. Schuppen zweisamig . . . . *Chamaecyparis.*

[1]) Hierbei ist mitgerechnet das oberste Schuppenpaar, welches häufig zu einer endständigen Säule (Columella) verwachsen ist und dann seinen Charakter als Zapfenschuppen verloren hat.

[2]) Häufig zu einer Columella verwachsen.

IV. Unterfamilie *Junipereae*:

Zapfen beerenartig, Schuppen bei der Reife verwachsend (Fig. 59), einzige Gattung: . . . *Juniperus.*

Actinostrobus *Miq.*,

mit nur einer Art:

Actinostrobus pyramidalis Miq (= *Callitris Actinostrobus F. v. M.*)

Blätter klein, schuppenförmig angedrückt, selten nadelförmig, Blattquirle an den Zweigen entfernt stehend, unterhalb der Zapfen aber dicht gedrängt, schließlich in das Involucrum übergehend. Zapfen kugelig, ca. 15 mm im Durchmesser, sechsklappig von der Spitze her sich öffnend. Jede Schuppe trägt zwei dreiflügelige Samen. Südwestliches Neuholland, dichtastiger, etwa mannshoher Strauch, bei uns nur im Kalthaus.

Callitris *Vent.* (= *Octoclinis F. v. M.* = *Frenela Mirb.* = *Widdringtonia Endl.*),

mit ca. 15 Arten in Afrika, Madagaskar, Neuholland und Neukaledonien.

Die Gattung *Callitris* unterscheidet sich von der vorigen durch das Fehlen eines Involucrums unter dem Zapfen. Blattquirle zwei-, drei- oder vierzählig; Zapfen vier-, sechs- oder achtklappig. Samen häutig geflügelt, zu zweien den Schuppen aufsitzend. Meist mäßig hohe Bäume oder Sträucher mit vorwiegend schuppenförmigen, seltener nadelartigen Blättern.

Sämtliche Callitrisarten sind Kalthauspflanzen.

Nach dem Bau des Zapfens sind folgende Gruppen zu unterscheiden:

I. Octoclinis, Zapfen 8klappig, Blattquirle viergliedrig, mit nur einer Art: *C. Macleyana F. v. M.*, Australien, vom Aussehen einer Araukarie.

II. Hexaclinis (= *Frenela Mirb.*), Zapfen 6klappig, Blattquirle 3zählig; mit folgenden Arten: *C. rhomboidea R. Br.*, *C. robusta R. Br.*, *C. verrucosa R. Br.* (kleiner Baum), *C. arenosa A. Cunn.* (Strauch), *C. calcarata R. Br.* (kleiner Baum), *C. canescens Parl.* (kleiner Baum) und verschiedene andere, sämlich in Neuholland, ferner *C. Fothergilli London*, in Tasmania, und endlich *C. sulcata Schlechter* (= *subumbellata Parl.*) und *C. tuberculata R. Br.* in Neukaledonien.

III. Pachylepis (= *Widdringtonia Endl.*), zweihäusig, Zapfen 4klappig, Blätter an den Zweigen zerstreut. *C. juniperoides Endl.*, 10—12 m hoch, Kap der Guten Hoffnung (bei ca. 1000 m ü. M.), *C. cupressoides Endl.*, strauchförmig, ebenda; *C. Commersonii Brong.*, Strauch auf Madagaskar.

IV. *Tetraclinis* (auch als eigene Gattung) mit nur einer Art: *C. quadrivalvis* (=*Tetraclinis articulata Masters*) *Vent.* Zapfen auch 4klappig, aber Blüten monözisch. Kleiner Baum in den Gebirgen von Süd-Spanien und Nordwestafrika (Atlas) mit *Libocedrus* ähnlichen flachen Zweigen und schuppenförmigen Blättern in zweizähligen, auseinandergerückten Quirlen; liefert das in den Handel kommende Sandarakharz. Der Baum hat in der Heimat den spanischen Namen *Alerce* (=Lärche.)

Fitzroya *Hook. f.*,

mit zwei Arten in Südchile und Tasmanien.

Blätter nadel- oder schuppenförmig in 2—3zähligen Quirlen. Blüten zweihäusig. Zapfen rund, aus 2—3 Blattquirlen gebildet; die oberen Schuppen fertil, mit 2—3 Samen pro Schuppe, die unteren steril, teilweise einander deckend. (Übergang zu den *Thujopsideae.*)

Fitzroya patagonica Hook. f. = *F. cupressoides Johnston*, Alerce (d. i. Lärche)

Blattquirle dreizählig, Nadeln abstehend lanzettlich von 6 bis 8 mm Länge; der wertvollste Waldbaum Südchiles, erreicht sehr bedeutenden Stammdurchmesser (4 m), beträchtliche Höhe (60 m) und sehr hohes Alter (nach Schätzungen von R. A. Philippi ca. 3000 Jahre), bildet in sumpfigen Niederungen der südchilenischen Provinzen in den *Nothofagus*-Wald eingestreute Horste. Im Aussehen erinnern die Bäume etwas an die Lärche (im Winterzustand), daher der einheimische Name. Sehr wertvoll ist das Holz wegen seiner hohen Dauer und Leichtspaltbarkeit.

Die zweite, auch als Vertreter einer eigenen Gattung aufgefaßte Fitzroyaart ist: *F. Archeri Benth.* (= *Diselma Archeri Hook. f.*), Strauch 2—3 m hoch, ♀ Pflanzen niederliegend, ♂ aufrecht, dicht verzweigt mit schuppenförmigen Nadeln; heimisch in den Gebirgen Tasmaniens (1000—1500 m.)

Beide Fitzroyaarten sind Kalthauspflanzen.

Thujopsis *Sieb. et Zucc.*,

mit nur einer Art:

Thujopsis dolabrata Sieb. et Zucc.

Zweige sehr flach, Achse ganz von den breit eiförmigen Blättern bedeckt; Zweig-Oberseite glänzendgrün, Unterseite

Fig. 60. Zweige der wichtigsten Cupressaceen:
1 Chamaecyparis Lawsoniana, 2 Ch. pisifera, 3 Ch. obtusa, 4 Ch. nutkaensis, 5 Ch. sphaeroidea; 6 Thuja occidentalis, 7 Th. gigantea; 8 Biota orientalis; 9 Libocedrus decurrens; 10 Thujopsis dolabrata.

mit bläulichweißen Flecken versehen (an dieser Seite sind die Blätter nur am Rand und längs der Mittelrippe grün)(Fig. 60/61).

Zapfen dick, fleischig, aus 6 bis 10 dornigen Schuppen gebildet. Fertile Schuppen mit je 4—5 Samen. Diese schmalgeflügelt, 5 mm lang, flach, mit Harzbeulen versehen; geringe Keimkraft.

Heimat: Japan, langsamwüchsig (erreicht ca. 30 m Höhe), mit stark riechendem, leichtem und sehr dauerhaftem Holz.

Bei uns winterhart, braucht guten, frischen Boden und erträgt viel Schatten (aber selten fruchtend); beliebter Parkbaum.

Libocedrus Endl.

mit acht Arten in Amerika, Australien und Ostasien.

Die Gattung unterscheidet sich von *Thujopsis* durch die Anzahl der Samen (nur zwei, höchstens drei) in der Achsel der fertilen Schuppen, von *Thuja* dadurch, daß nur das mittlere Schuppenpaar (unter der Columella, s. Anm. S. 105) fertil ist (bei Thuja zwei Paare).

Zweige meist abgeflacht (dorsiventral), Blattquirle zweizählig oder scheinbar vierzählig (durch Zusammenrücken zweier Quirle). Blätter in Kantenblätter und Flächenblätter unterschieden. Weiße Spaltöffnungsflecke nicht vorhanden.

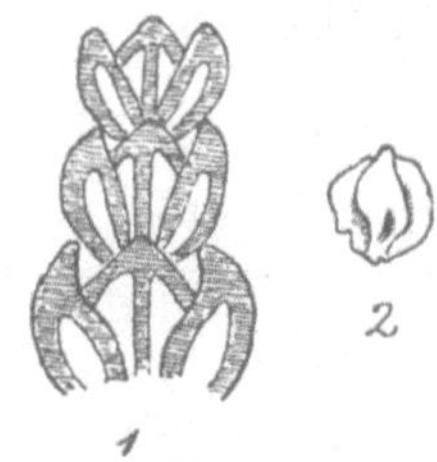

Fig. 61. *Thujopsis dolabrata Sieb. et Zucc.* 1 Spaltöffnungsfigur auf d. Unterseite der Triebe ($^{2}/_{1}$); 2 Same ($^{2}/_{1}$).

Die einzige bei uns kultivierte Art ist:

Libocedrus decurrens Torr. White cedar,
Kalifornische Flußzeder

Sehr wohl charakterisiert durch die fast dichotome Verzweigung (besonders gegenüber der *Thuja gigantea*, mit welcher *Lib. decurrens* häufig verwechselt wird). Die Zweige sind flachgedrückt. Die Spitzen der Kantenblätter und Flächenblätter stehen in gleicher Höhe (Fig. 62), daher viergliedrige Scheinquirle; Zapfen 2—3 cm lang. Fruchtschuppen mit kurzem, gebogenem Sporn am Rücken.

Die Flügel der zwei in einer Schuppe stehenden Samen decken sich gegenseitig.

Holz (Kern) dunkel gelbbraun, wertvoll, von scharfem, pfefferartigem Geschmack.

Heimat: Felsengebirge, Sierra Nevada, Kaskadengebirge, in luftfeuchten Tälern, wo der Baum Höhen von 50 m erreicht (bei einem Durchmesser von $1^1/_2$ m). In nicht zu rauhen Lagen bei uns winterhart. Wuchs schmal, zypressenartig.

Die beiden anderen amerikanischen *Libocedrus*-Arten sind in Chile (und dem westlichen Argentinien) heimisch:

L. chilensis End., *Cipres.* Habitus der italienischen Zypresse, vorzugsweise in den Anden vom 30. Grad s. Br. nach Süden zu; hier in den cañonartigen Tälern Galeriewälder bildend.

L. uvifera Pilger = *L. tetragona Endl.*, *Cipres.* An das Verbreitungsgebiet der vorigen nach Süden anschließend; einer der wichtigsten Bäume der Urwälder in den Magellanländern; Nadeln sehr charakteristisch in 4 Zeilen angeordnet (Name!).

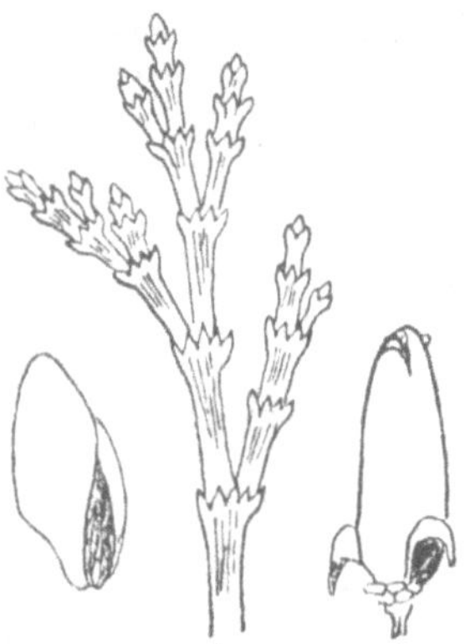

3 1 2

Fig. 62. *Libocedrus decurrens Torr.* 1 Sproß mit charakteristischer, scheinbar dichotomer Verzweigung (1/1); 2 Zapfen (geschlossen) (1/1); 3 Same mit zwei ungl. Flügeln (1/1).

Libocedrus plumosa Sargent = *L. Doniana Endl.*, Waldbaum des nördlichen Neuseeland.

Libocedrus macrolepis Benth. et Hook., China.

Zwischen *Libocedrus* und *Cupressus* steht die Gattung *Fokienia* mit 1 Art: *F. Hodginsii A. Henry et N. N. Thomas*, Baum von 40 m Höhe, Ostchina.

Thuja L.,

mit drei Arten in Nordamerika und Japan.

Blätter in zweizähligen Quirlen, abwechselnd als Flächen- und Kantenblätter ausgebildet. Oberseite der Zweige dunkel-, Unterseite hellgrün, letztere zeigt höchstens hellgraue — aber niemals[1]) weiße Flecke (U. von *Chamaecyparis*). Auf der Fläche der Blätter Öldrüsen.

[1]) Die nachstehende kleine Tabelle dürfte dazu beitragen, dieses bequeme

Thuja occidentalis L., *White cedar*, Abendländischer Lebensbaum, *Arbor vitae*

Flächenblätter mit kugeliger Öldrüse (U. von *Biota orientalis*, wo die Öldrüse vertieft ist). Zweige oberseits dunkelgrün, unterseits hellgrün, im Winter mißfarbig, flach ausgebreitet, aber nach verschiedenen Richtungen im Raum orientiert (U. von *Biota*, wo die Zweigflächen vertikal stehen). Zapfen länglich oval, 1 cm lang, reif nickend. Samen mit zartem schmalen Flügel, länglich, flach (Fig. 63). Holz leicht, aber dauerhaft.

Heimat: Östlich. Nordamerika (Kanada—Virginia), besonders auf Sumpfboden; wird 20 m hoch. Bei uns vollkommen winterhart und seit uralten Zeiten (1566 nach Europa eingeführt) als Zierbaum um die beschnittenen Hecken gepflanzt.

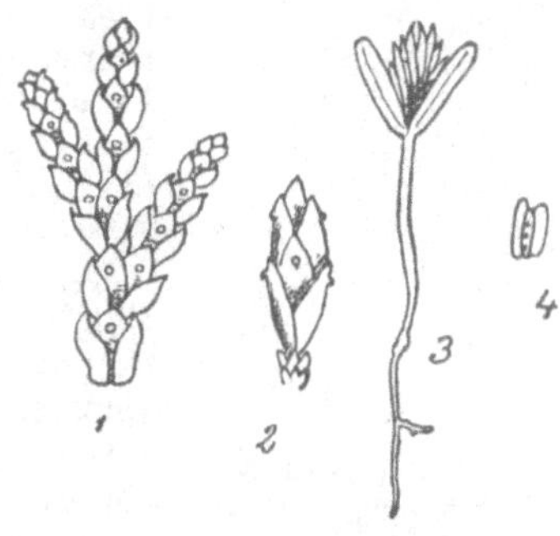

Fig. 63. *Thuja occidentalis L.* 1 Zweigstück, auf den Flächenblättern kugelige Öldrüsen (1/1); 2 Zapfen (1/1); 3 Keimpflanze (1/1); 4 Same (1/1).

Thuja gigantea Nutt. = *Th. plicata Don*, *Red cedar*, Riesenlebensbaum

Dieser Baum unterscheidet sich von *Th. occidentalis* besonders dadurch, daß die letzten Verzweigungen sehr

---

Unterscheidungsmerkmal habituell ähnlicher Bäume dem Gedächtnis besser einzuprägen:

Unterseite der dorsiventralen Sprosse durch Spaltöffnungsflecke intensiv weiß:
Thujopsis dolabrata, Chamaecyparis Lawsoniana, Ch. obtusa, Ch. pisifera, Ch. sphaeroidea.

Unterseite der dorsiventralen Sprosse durch Spaltöffnungsflecke graugrün:
Thuja gigantea, Th. Standishii.

Unterseite der dorsiventralen Sprosse grün:
Libocedrus decurrens, Thuja-Arten (außer *Standishii* und *gigantea*), *Biota, Chamaecyparis nutkaensis.*

langgestreckt sind und einander genau parallel stehen; infolgedessen zeigen die Flächentriebe der *Th. gigantea* einen sehr regelmäßigen Aufbau (aber durch die fehlende Dichotomie deutlich verschieden von *Libocedrus decurrens)*. Die Spaltöffnungsflecke der Unterseite sind hellgrau — nicht weiß — und treten besonders deutlich unter Wasser hervor. Öldrüse auf den Flächenblättern undeutlich, Geruch aromatisch. Zapfen aus 4—5 Schuppenpaaren (mit kleinerem, schwarzem Dorn) gebildet, davon tragen 2—3 Paar Samen; letztere häutig geflügelt, 5 mm lang, mit Harzbeulen versehen (Fig. 64).

Fig. 64. *Thuja gigantea Nutt.* 1 Triebende, von oben (1/1); 2 Same (2/1).

Keimlinge mit zwei 6 mm langen Kotyledonen. Primärblätter nadelförmig, zuerst paarweise, dann in viergliedrigen Quirlen.

Die Riesenthuje, heimisch im nordwestlichen Nordamerika, wo sie bis über 50 m hoch wird, ist sehr schnellwüchsig. Bei uns ziemlich winterhart, nur in der Jugend gegen Frost und Dürre ziemlich empfindlich; wegen ihrer Schnellwüchsigkeit und ihres zwar leichten, aber dauerhaften Holzes[1]) wurde die Riesenthuje auch forstlich angebaut; sie braucht frischen, tiefgründigen, lehmigen Sandboden und Schutz vor trockenem Frostwind, also geschützte Tallage.

Thuja Standishii Carr. (= *Th. japonica Max.*), Japanische Thuje

Verzweigung der Triebe reicher und weniger regelmäßig als bei *Th. gigantea*; auf der Unterseite graugrüne Spaltöffnungsflecke. Kantenblätter stumpf (bei *Th. gigantea* zugespitzt). Zapfen sehr ähnlich und ebenso groß wie bei voriger.

[1]) Das aus dem Kernholz extrahierte Thujaplicin hat sich als eines der wirksamsten Fungicide gegen holzzerstörende Pilze erwiesen.

Heimisch in Japan, wird nicht so hoch (35 m) wie die Riesenthuje.

Holz sehr wertvoll. Frosthart.

Biota Endl.,

mit nur einer Art:

Biota orientalis Endl. (Thuja orientalis L.), Orientalischer Lebensbaum (Fig. 65)

Auf der Unterseite der Zweige keine Spaltöffnungsflecken; Zweigflächen vertikal orientiert, daher auch weniger deutlich dorsiventral. Die Flächenblätter tragen in der Mitte (oberseits) eine rinnenförmig vertiefte Öldrüse.

Fig. 65. Zweig von *Biota orientalis Endl.*, oben Zapfen und einzelne Samen.

Zapfen größer als bei *Th. occidentalis*, blau bereift, aus sechs dicken, gespornten Fruchtschuppen gebildet, oberste steril (eine Columella bildend), mittlere mit je einem, unterste mit je zwei Samen. Letztere nußartig, ungeflügelt, mit dicker Samenschale, 5—6 mm lang, etwas zugespitzt.

Keimlinge mit zwei (im Vergleich zu anderen Thujopsideen) sehr langen (20—25 mm) Kotyledonen.

Holz (Kern) dunkelrot, sehr dauerhaft.

Heimat: China und Turkestan (in Japan nur kultiviert), bei uns winterhart in nicht zu rauhen Lagen.

In Gärten werden zahlreiche Wuchsformen und Farbenvarietäten kultiviert, z. B. die Jugendform *Retinispora juniperoides* (s. S. 116).

Cupressus L., Zypresse,

mit ca. 12 Arten im Mittelmeergebiet, Asien, Nordamerika.

Blätter gleichartig, nicht in Flächen- und Kantenblätter differenziert, gegenständig in vier Zeilen an vierkantigen Zweigen angeordnet. Keine Spaltöffnungsflecke. Zapfenschuppen schildförmig, zentralgestielt (Fig. 59); mehrere Samen in der Achsel jeder Schuppe; Samenreife zweijährig. Keine *Cupressus*-Art ist bei uns winterhart, außer in einigen sehr milden Gegenden (Bodensee, Südtirol).

Die bekannteste Art ist:

Cupressus sempervirens L., Italienische Zypresse

Charakterisiert durch ihren schlanken, säulenförmigen Wuchs *(f. fastigiata)*, seltener mit abstehender Beastung und pyramidaler Krone *(f. horizontalis)*; Stamm abholzig mit längsrissiger Faserborke. Zapfen kugelig-eiförmig, 20 bis 30 mm im Durchmesser mit 8—10 Schuppen. Samen ca. 6 mm lang, halb so breit, derbgeflügelt. Holz (Kern) rot, sehr dauerhaft.

Charakterbaum der Mittelmeerlandschaften (Fig. 66) (nebst der Pinie), besonders in Gärten und Kirchhöfen.

Ihre Heimat ist ursprünglich der Orient (Kleinasien, Griechenland), seit uralten Zeiten aber wird sie auch in den meisten mediterranen Ländern kultiviert. Die ca. 20 m hohen Zypressen der Giardini Giusti (Verona) sollen schon zu Cäsars Zeiten gestanden haben. Im Orient erreicht sie die Höhe von über 50 m und einen Stammdurchmesser von 3 m.

Gleichfalls in Südeuropa kultiviert wird:

C. funebris Endl. (= *C. pendula Staunt*), Trauerzypresse

Mit ausgebreiteter Krone und hängenden Zweigen, Zapfen 14 mm Durchmesser, mit 6—8 Schuppen. Heimat China, wo sie (gleich unserer Trauerweide) an Gräbern gepflanzt wird.

Fig. 66. *Cupressus sempervirens L.* bei S. Vigilio am Gardasee.

Cupressus torulosa Don, Nepalzypresse

Mit aufsteigenden Ästen, Zapfen 15 mm Durchmesser, mit zehn Schuppen. Heimat: Himalaja (50 m Höhe).

Cupressus lusitanica Mill. (= *C. glauca Lam.*), Spanische Zypresse

Zapfen mit 6—8 Schuppen. Heimat: Vorderindien; wird auf der Pyrenäischen Halbinsel und in Brasilien kultiviert. Habitus ähnlich der vorigen.

C. macrocarpa Hartw., Montereyzypresse, mit schirmförmiger flacher Krone, Kalifornien; in England winterhart.

C. Macnabiana Murr und *C. Goveniana Gord.*, Sträucher im südlichen Kalifornien.

C. lusitanica Mill. mit var. Benthami (Endl.) Carr. (Anden Mexikos). *C. excelsa Scott* (Guatemala). *C. Knightiana Perr.* (Mexiko). *C. thurifera Humb.* (Anden Mexikos). *C. arizonica E. L. Greene* (Arizona).

Chamaecyparis *Spach*, Scheinzypresse,

mit fünf Arten, drei in Nordamerika und zwei in Japan.

Unterschied von *Cupressus*: Zweige nicht vierkantig (rund), sondern flach dorsiventral, von Flächen- und Kantenblättern besetzt, an der Unterseite mit charakteristischen weißen Spaltöffnungszeichnungen (außer bei *Ch. nutkaensis*, deren Zweigunterseite grün ist)[1]).

Zapfen wie bei *Cupressus*, aber beträchtlich kleiner und mit nur je zwei Samen in der Achsel der Schuppen (außer bei *Ch. Lawsoniana*, deren Schuppen dreisamig sind). Zapfenreife einjährig.

Die *Chamaecyparis*-Arten werden in Gärten viel kultiviert, zum Teil auch forstlich angebaut.

Unter *Retinispora* versteht man Pflanzen, welche dauernd (nadelartige) Primärblätter bilden. Solche werden von den Gärtnern in der Weise erhalten, daß von jungen, mit Primärblättern versehenen Pflanzen Zweige abgeschnitten und als Stecklinge vermehrt werden. *Retinispora*-Formen kommen besonders häufig von *Chamaecyparis*-Arten, aber auch von anderen *Cupressaceae* (z. B. *Biota*, s. S. 114) in den Handel.

Chamaecyparis Lawsoniana Parl., *White cedar*, Lawsonszypresse

Weiße Spaltöffnungsfigur, an der Unterseite der Zweige x-förmig (s. Fig. 67). Zweige und Gipfel überhängend. Kantenblätter mit kurzer, nach vorn gerichteter Spitze, die Flächenblätter tragen in der Mitte eine Längsrinne mit Öldrüse.

Zapfen 10 mm im Durchmesser, Samen (ähnlich *Alnus*), derbgeflügelt, 3—4 mm lang, mit Harzdrüsen, reifen im

[1]) Vgl. die Tabelle S. 111, Anm.

ersten Sommer und fallen im Herbst aus. Kotyledonen 5—9 mm lang. Variiert sehr in Tracht, Wüchsigkeit, Verzweigungsform und Frosthärte.

Holz verhältnismäßig schwer (0,46 spez. Gew.), sehr dauerhaft, hat dauernd (wie auch die Zweige) einen süßlichen, aromatischen Geruch, dadurch vor Insektenfraß geschützt.

Die Heimat der Lawsonszypresse ist das Küstengebiet (bis 60 km von der Küste) des südlichen Oregon und nördlichen Kalifornien, bis ca. 500 m ü. M. (50—60 m Höhe, 2—4 m Durchmesser). Sie ist in der Jugend, manche Stücke (Klimarassen?) auch noch später, empfindlich gegen Winterfrost, verlangt frischen Boden und erträgt Schatten. Sie muß zeitig im Frühjahr verpflanzt werden, weil ihre Wurzeltätigkeit früh beginnt. Durch Aufrichten der Seitenäste wird sie leicht mehrgipfelig; diese sind daher zu entfernen! Sie ist, wie auch andere Cupressaceen, sehr anfällig für den Hallimasch (Wurzelpilz), deshalb in Laubholzkulturen sehr gefährdet.

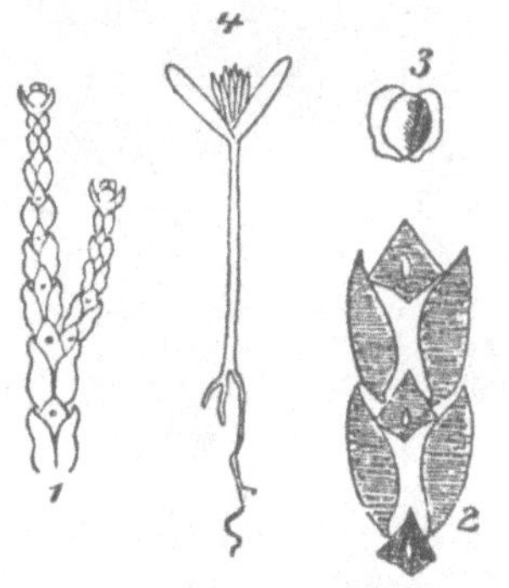

Fig. 67. *Chamaecyparis Lawsoniana Parl.* 1 Beblätterter Zweig mit Öldrüsen auf den Flächenblättern (1/1); 2 Unterseite desselben mit x-förmiger Spaltöffnungsfigur (2/1); 3 Same (2/1); 4 Keimpflanze (1/1).

Chamaecyparis nutkaensis Spach, Yellow cypress,
Sitka- oder Nutkazypresse

Von allen anderen *Chamaecyparis*-Arten durch das Fehlen der weißen Spaltöffnungsflecke auf der Unterseite der Zweige ausgezeichnet. Die ganze Belaubung ist dunkel (besonders auf der Oberseite). Gipfeltrieb aufrecht. Flächenblätter mit Längsrinne und Öldrüse, Kantenblätter schräg abstehend, stachelspitzig. Zapfen 10 mm im Durchmesser, mit 4—6 gedornten Schuppenschildern und je zwei

Samen (pro Schuppe). Samen rund, geflügelt, ohne Harzdrüsen (Fig. 60 und 68).

Heimat: Britisch-Columbia, südliches Alaska; wird 30 bis 40 m hoch, ist wegen ihrer nördlichen Herkunft frosthärter als die Lawsonszypresse und besitzt ein sehr wertvolles, dauerhaftes Holz.

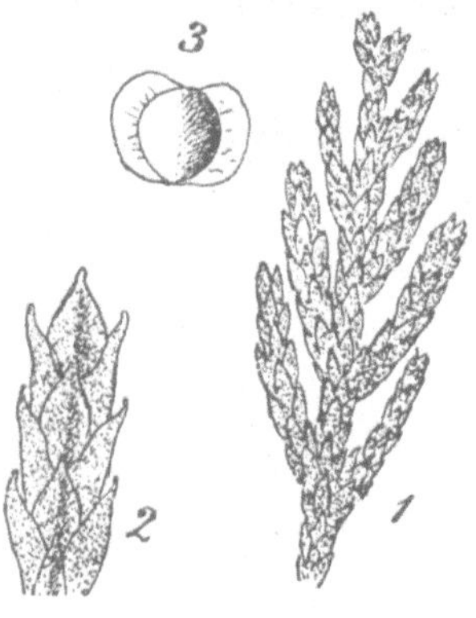

g. 68. *Chamaecyparis nutkaensis Spach.* 1 Triebende (von oben) (1/1); 2 Teil davon, von unten (2/1); 3 Same (2/1).

Chamaecyparis thyoides Britt.
(= *Ch. sphaeroidea Spach*)
White cedar, Kugelzypresse

Beblätterte Zweige beiderseits graugrün, sehr schmal (1,3 mm breit), Flächenblätter beiderseits mit erhabener kugeliger Öldrüse; Spitzen der Kantenblätter angedrückt, Sprosse weniger langgestreckt, vielmehr kreisförmig abgerundet (siehe Fig. 60). Spaltöffnungsfigur x-förmig (ähnlich *Ch. Lawsoniana*), aber weniger auffallend. Zapfen klein, 4—6 mm dick, genau kugelig (daher *sphaeroidea*), aus 6—8 Schuppen gebildet. Samen sehr klein, kreisrund, 1,5 mm im Durchmesser, mit sehr schmalen Flügeln. Holz gelb, dauerhaft.

Heimat: Östliches Nordamerika (Kanada, Nordkarolina), besonders auf Sumpf- oder moorigem Boden, Uferwälder bildend, bis 30 m hoch.

Bei uns winterhart, kaum über 20 m hoch, ziemlich trägwüchsig.

Chamaecyparis pisifera Sieb. et Zucc.,
Erbsenfrüchtige Zypresse

Kantenblätter schräg abstehend, stachelspitzig, Flächenblätter mit feiner Rinne; weiße Flecken an der Unterseite der

Zweige, eine sehr charakteristische Figur (s. Fig. 60 und 69) bildend (aufgelöstes X). Zapfen erbsengroß (Name!), aus 10—12 Schuppen (mit je zwei Samen) gebildet. Samen breiter als lang (birkenähnlich) mit breiten häutigen Flügeln und Harzbeulen. Zweigsysteme krallenförmig nach unten gebogen. Holz dauerhaft, aber, weil weniger fein gefügt, weniger geschätzt als das der folgenden Art.

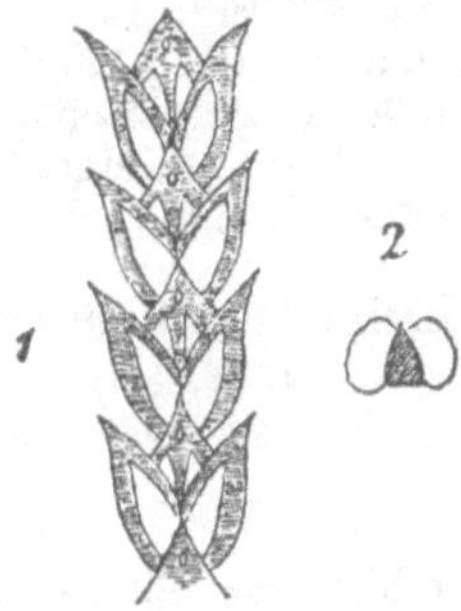

Fig. 69.

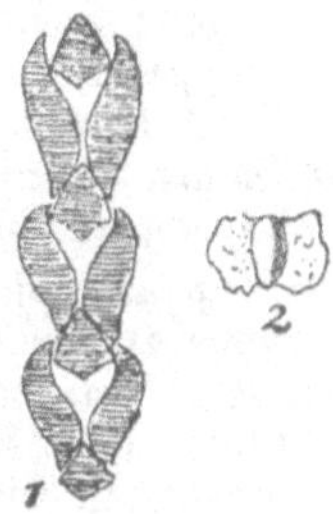

Fig. 70.

Fig. 69. *Chamaecyparis pisifera Sieb. et Zucc.*
1 Spaltöffnungsfigur auf der Unterseite der Triebe ($^3/_1$); 2 Same ($^2/_1$).

Fig. 70. *Chamaecyparis obtusa Sieb. et Zucc.*
1 Teil eines beblätterten Zweiges mit y-förmigen Spaltöffnungsfiguren ($^3/_1$); 2 Same mit Flügeln ($^2/_1$).

Heimat: Zentraljapan, wird 35 m hoch und fast 1 m dick. Bei uns durchaus winterhart, wenig wüchsig, aber schnellwüchsiger als die folgende. Varietäten: *filifera* (Hängeform mit strickförmigen Zweigen), *squarrosa* (Jugendform mit Primärblättern), *plumosa* (teils Schuppen-, teils Nadelblätter), *aurea* (mit gelblichen Trieben) usw.

Chamaecyparis obtusa Sieb. et Zucc.,
Stumpfblättrige Zypresse

Kantenblätter stumpflich, mit kurzer (abgerundeter) einwärts gewendeter Spitze, Flächenblätter sehr klein, die weißen Figuren auf der Unterseite haben die Form eines Y oder eines X (Fig. 60 und 70).

Zapfen 10 mm im Durchmesser, Samen sehr ähnlich der vorigen, birkenähnlich, mit Harzbeulen. Holz (Kern) hellrot, sehr fein gefügt und hochgeschätzt.

Heimat: Gebirge Japans (bis 1000 m), 40 m hoch, durchaus winterhart. Jugendform: *Retinispora lycopodioides.*

Juniperus *L.*, Wacholder,

mit ca. 30 Arten auf der nördlichen Halbkugel.

Die Gattung *Juniperus* ist durch folgende Merkmale charakterisiert: Zapfen bei der Reife fleischig-beerenartig, Fruchtschuppen in 1—4 Quirlen, von welchen nur einer fertil, mit je 1—2 harten, flügellosen, dauernd eingeschlossenen Samen. Samenreife zweijährig.

Die Gattung *Juniperus* wird in drei Sektionen eingeteilt:

I. *Caryocedrus Endl.* (= *Arceuthos Ant. et Kotschy*).
Samen zu einem 1—3fächerigen Steinkern verwachsen; eine Art *J. drupacea.*

II. *Oxycedrus Endl.*
Samen frei, Blätter nicht herablaufend, ohne rückenständige Harzdrüse; Blüten zweihäusig.
8—10 Arten: *J. communis*, *J. nana*, *J. oxycedrus*, *J. macrocarpa*, *J. rigida*, *J. conferta*, *J. taxifolia* u. a.

III. *Sabina L.*
Samen frei, Blätter herablaufend, mit rückenständiger Harzdrüse, Blüten meist einhäusig.
Ca. 20 Arten: *J. Sabina*, *J. phoenicea*, *J. thurifera*, *J. recurva*, *J. pseudosabina*, *J. religiosa*, *J. squamata*, *J. virginiana*, *J. occidentalis*, *J. bermudiana*, *J. procera*, *J. mexicana* u. a.

Juniperus drupacea Labill
(= *Arceuthos drupacea Ant. et Kotschy*)

Botanische Charakteristik s. Sektion *Caryocedrus.* Nadeln wie beim gemeinen Wacholder, Scheinbeeren blau bereift, viel größer, 20—25 mm im Durchmesser. Dieser Wacholder ist in Kleinasien heimisch und kommt auch am Balkan vor, wird bis 10 m hoch. Beeren genießbar, in Deutschland nur in mildesten Gegenden winterhart (Fig. 71).

Juniperus communis L.,

Gemeiner Wacholder, Kranewit, Machandel (Ostsee)

Nadeln in dreizähligen Quirlen, an der Basis gegliedert, stachelspitzig, mit einem weißen Streifen auf der Oberseite (Fig. 72).

♂ Blüten in Kätzchen, im Herbst ausgebildet, im Frühling entfaltet. ♀ Blüten einzeln, in den Blattachseln von Maitrieben, mit je drei Samenanlagen, die mit den Fruchtschuppen alternieren. Meist zweihäusig. Samenreife im Herbst des zweiten Jahres. Beerenzapfen im ersten Herbst grün, im zweiten Herbst kugelig, schwarz, blau bereift. Die Samen (je drei im Zapfen) keimen schwer, meist erst im Frühling des zweiten Jahres, mit zwei Kotyledonen.

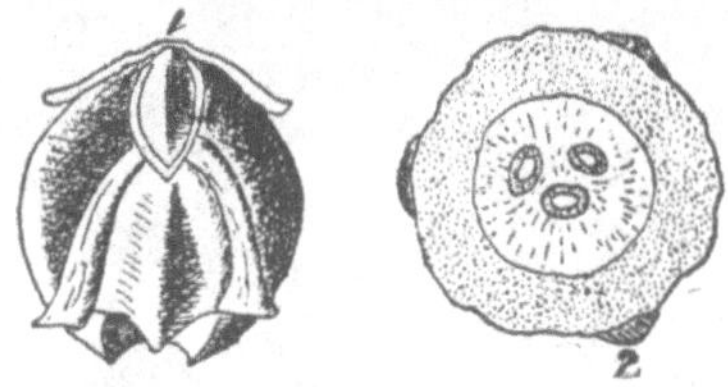

Fig. 71. *Juniperus drupacea Lab.* 1 Scheinbeere von außen (1/1); 2 Scheinbeere im Querschnitt mit dreisamigem Steinkern (1/1).

Holz mit gelbem Splint und braunem Kern, weich, elastisch, dauerhaft, zu Schnitzwaren geeignet.

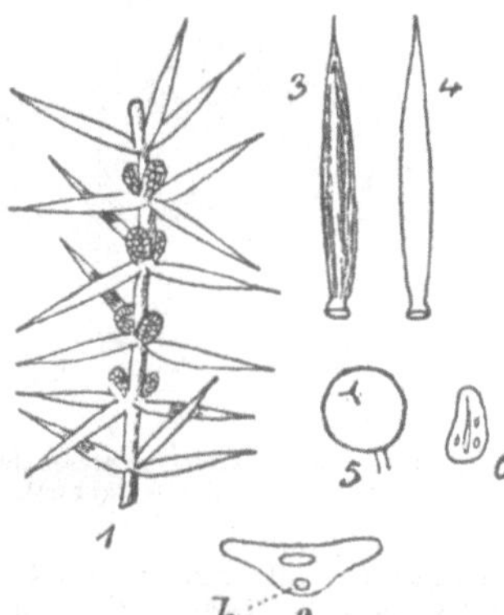

Fig. 72. *Juniperus communis L.* 1 Zweig mit quirliggestellten Nadeln und ♂ Blüten (1/1); 2 Nadelquerschn. mit einem Harzgang (*h*) (10/1); 3 einzelne Nadel, Oberseite mit einem weißen Streifen (3/1); 4 einzelne Nadel, Unterseite (3/1); 5 Scheinbeere (1/1); 6 Same (1/1).

Über ganz Europa verbreitet, vom 35. bis 71. Grad n. Br., und vom äußersten Westen (Portugal) bis nach Asien (außerdem in

Nordafrika, Nordasien und Nordamerika). In Südeuropa ist er auf die Gebirge beschränkt. Er wächst besonders auf Heiden, Ödflächen und als Unterholz im Kiefernwald. Er wächst langsam, erreicht aber ein hohes Alter, erträgt tiefe

Fig. 73. *Juniperus communis*, zypressenförmiger Wuchs, 5 bzw. 4,5 m hoch. Schweden, am Götakanal. Phot. von P. Dusén.

Winterkälte und Sommerdürre, macht sehr geringe Ansprüche an den Boden. In vielen Gegenden, besonders auf dürftigem, trockenem Boden, nimmt er zypressenartige Wuchsform an, besonders auffallend in Skandinavien (Fig. 73). Für gewöhnlich ein Strauch, erreicht er in höherem Alter Baumform (mit einer Maximalhöhe von 10 m und 0,5 m Durchmesser).

Verwendung: Beeren (als Gewürz, Branntwein, Heilmittel, Räucherwerk), Harz (deutscher Sandarak), Holz (Drechslerwaren usw.).

Die *var. nana (Willd.) Loud.* Zwergwacholder unterscheidet sich durch niederliegenden Wuchs (ca. $^1/_3$ m hoch), sehr gedrängt stehende Nadelquirle, verhältnismäßig kurze (4—8 mm) und weniger harte, an der Oberseite kielartig ausgehöhlte und mit breitem, weißem Mittelband versehene Nadeln. Hauptverbreitungsgebiet: Polarländer Europas, Asiens und Nordamerikas, außerdem in höheren Gebirgen: Alpen, Karpathen, Sudeten, sowie in der Sierra Nevada in Südspanien.

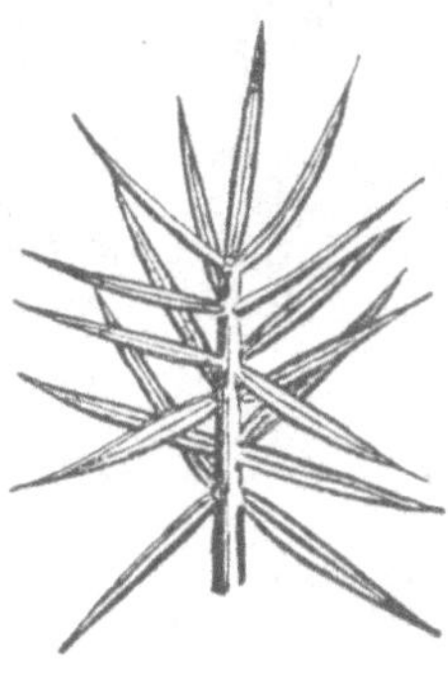

Fig. 74. Zweig von *Juniperus oxycedrus L.*, mit zwei weißen Streifen auf der Nadeloberseite (schwach vergrößert).

Juniperus oxycedrus L.
(= *J. rufescens Lk.*),
Zederwacholder

Nadeln sehr starr, ähnlich denjenigen von *J. communis*, aber mit zwei weißen Längsstreifen auf der Oberseite. Beerenzapfen sehr groß, 8—10, zuweilen sogar 14 mm im Durchmesser, braunrot, kugelig, nur an den Schuppenrändern blau bereift.

Heimat: Mittelmeerländer, besonders in den an das Adriatische Meer grenzenden Gegenden, ferner Nodrafrika, Orient, meist strauch-, seltener baumartig. Wirt der berühmten Zwergmistel *Arceuthobium oxycedri*.

Die Unterart *Juniperus macrocarpa Sibtorp.*,
Großfrüchtiger Wacholder,

der vorigen ähnlich, Nadeln weniger starr, blaugrün.

Beerenzapfen 12—15 mm im Durchmesser, kugelig, rot bis schwarzbraun, an der ganzen Oberfläche blau bereift.

Verbreitung wie vorige Art, aber in den Adrialändern weniger häufig als *Oxycedrus*. Strauch oder kleiner Baum. Gleichfalls in Deutschland nicht oder schwer ausdauernd.

Juniperus rigida Sieb. et Zucc. Dem gemeinen Wacholder nahestehend. Gebirge Japans, bei uns winterhart; die entsprechende Form „*nana*“ ist *J. nipponica Maxim.*

Juniperus conferta Parlat. (= *J. litoralis Maxim.*). Der vorigen Art nahestehend, aber mit dichterer Belaubung, Nadeln mehr graugrün, Beerenzapfen größer. Niederliegender Strauch, in Japan, besonders an Meeresküsten wachsend.

Juniperus taxifolia Hook. et Arn. Aufrechter Baum, Japan.

Fig. 75.
Juniperus sabina L.
1 Sproß mit Schuppenblättern (1/1); 2 desgl. (3/1).

Juniperus sabina L. (Sabina officinalis Garcke), Sadebaum, Sevenbaum[1])

Nadeln entweder (an wilden Pflanzen) in zweigliedrigen Quirlen angeordnet und vorwiegend schuppenförmig oder (an kultivierten Exemplaren) vorwiegend in dreigliedrigen Quirlen und nadelförmig. Beerenzapfen 5—7 mm dick, schwarz und blau bereift, überhängend mit je 1—4 hartschaligen Samen. Zweige unangenehm harzig-aromatisch duftend. Holz dauerhaft, von angenehmem Geruch, mit rotem Kern. Der Sadebaum bildet meist latschenartig darniederliegende oder aufrechte, 1—2 m hohe Büsche, seltener 3—4 m hohe Bäume.

Heimat: Hochgebirge Südeuropas (Alpen, Pyrenäen), weniger häufig in Mittelgebirgen, ferner im Kaukasus und Nordasien.

Weitere südeuropäische Vertreter der Sektion *Sabina* sind:

Juniperus phoenicea L., Zypressenwacholder

Beerenzapfen kugelig, glänzend rot, 8—14 mm im Durchmesser. Baum von 6 m Höhe; Habitus zypressenartig; Mittelmeerländer bis zum wärmeren Nordasien. Bei uns nicht winterhart.

[1]) Name „*Sade*“ bzw. „*Seven*“ verstümmelt aus *Sabina*. Die Eigenschaften dieses Baumes als Abortivum waren schon den Sabinern bekannt.

Juniperus thurifera L., Weihrauchwacholder

Beerenzapfen schwarz. Harz als arabischer Weihrauch Handelsprodukt. 15 m hoher Baum, in Spanien und Algier; bei uns frostempfindlich.

Juniperus excelsa Bieb., Beerenzapfen schwarz; 15—20 m hoch. Griechische Inseln, Kleinasien.

Juniperus foetidissima Willd., Griechenland und Kleinasien.

In Ostasien sind heimisch:

Juniperus chinensis L.

Beerenzapfen dunkelblau, 8—11 mm im Durchmesser. In der Heimat (China und Japan) 20—25 m hoch, bei uns winterhart und in zahlreichen Wuchsformen kultiviert. Bemerkenswert sind die in Ostasien seit uralten Zeiten gezogenen Zwergbäume dieser Art.

Juniperus sphaerica Lindl., Beerenzapfen schwarz; 12 m hoch, Nordchina; in Deutschland winterhart.

Juniperus recurva Ham., Beerenzapfen eiförmig, bräunlich; 10 m hoch, Himalaja; frostempfindlich.

Juniperus Pseudosabina Fisch. et May., Beerenzapfen länglich eiförmig mit nur einem großen Samen. Strauch. Himalaja, bei 3000—4000 m Höhe. Winterhart.

Juniperus davurica Pall., niederliegender Strauch Sibiriens.

Juniperus semiglobosa Regel., Beerenzapfen an Früchte von Eukalyptus erinnernd. Turkestan.

Aus Nordamerika stammen:

Juniperus virginiana L.,
Virginischer Sadebaum, *Red cedar*, Bleistiftzeder

Zweige dem Sadebaum ähnlich, aber ohne den unangenehmen Geruch (beim Reiben zwischen den Fingern). Benadelung sehr verschieden: teils abstehende, 3—8 mm lange, in dreizähligen Quirlen angeordnete Nadeln, teils kreuzweise gegenständige, angedrückte, scharf zugespitzte Schuppen. Beerenzapfen nicht nickend; 4—5 mm im Durchmesser, braunviolett, bereift. Holz, mit rotem Kern, sehr aromatisch, wird von Insekten nicht angegriffen (virginisches, falsches oder rotes Zedernholz)[1]). Dauerhaft

[1]) Siehe auch Anmerkung auf S. 89.

und leicht, als Bleistiftholz sehr geschätzt, in der Heimat aber auch zu Zaunpfosten, Telegraphenstangen, Eisenbahnschwellen usw. verwendet.

Höchste Höhe 30 m (in Europa 25 m), Alter bis 400 Jahre.

Heimat: Östliches Nordamerika, wo die Bleistiftzeder eine ähnlich weite Verbreitung besitzt wie der gemeine Wacholder in Europa, nämlich von der Hudsonbai bis nach Florida und von der atlantischen Küste westlich (mit Ausschluß der Prärie) bis zum Felsengebirge, auf trockenem wie auf Sumpfboden.

Bei uns durchaus winterhart (von rauhen Gebirgslagen abgesehen). Die forstlichen Anbauversuche in Deutschland haben nicht befriedigt.

In Nordamerika sind ferner noch folgende Sadebäume heimisch:

Juniperus occidentalis Hook. Der vorigen Art ähnlich, aber Beerenzapfen größer; 10—20 m hoher Baum, östlich und westlich des Felsengebirges.

Juniperus californica Carr. Vielleicht nur eine Varietät der vorhergehenden Art. Auf trockenen Hügeln in Kalifornien. Beide Arten sind bei uns frostempfindlich. Das gleiche gilt in noch höherem Maß von:

Juniperus mexicana Schlecht. et Cham., Nadeln in dreigliedrigen Quirlen, und

Juniperus pachyphloea Torr., mit dicker weißer Rinde, beide in Mexiko heimisch.

Juniperus barbadensis L. (= *J. bermudiana L.*) Bermudasinseln und Barbados. Das Holz dieser Art kommt in beträchtlicher Menge als Bleistiftholz in den Handel.

Juniperus procera Hochst. Bis 40 m hoher Waldbaum von Abessinien bis Nyassasee. Guter Ersatz für *J. virginiana*.

4. Klasse: *Gnetinae*

Stamm mehr oder weniger verzweigt oder ganz unverzweigt, mit Gefäßen im sekundären Holz. Blätter sehr verschieden gestaltet, ungeteilt, zum Teil schuppenförmig, gegenständig. ♂ Blüten in Kätzchen- oder zapfenförmigen, ♀ Blüten in ährenförmigen oder zapfenartigen Infloreszenzen. Befruchtung durch passiv bewegliche Spermakerne.

Die *Gnetinae* haben insofern großes Interesse, als sie die höchstentwickelten Gymnospermen darstellen, welche sich durch gewisse Merkmale (Gefäße im sekundären Holz, Rückbildung der Archegonien und des primären Endosperms, Anfänge von Insektenblütigkeit usw.) den Angiospermen nähern.

Es werden drei Familien unterschieden:

1. Stamm verzweigt, schachtelhalmartig, mit schuppenförmigen Blättern . . . . Familie *Ephedraceae*.
2. Stamm verzweigt, häufig windend, mit laubartigen Blättern . . . . Familie *Gnetaceae*.
3. Stamm unverzweigt rübenartig, mit zwei langen bandartigen Blättern . . . . Familie *Tumboaceae*.

1. Familie ***Ephedraceae***

Stamm verzweigt, die jüngsten Triebe schachtelhalmähnlich, Blätter reduziert, schuppenartig, Assimilation daher in den Achsenteilen. Blüten 1—2 häusig. ♂ Blüten von niederblattartigem Perianth umgeben und in der Achsel eines schuppenförmigen Hochblattes. ♀ Blüten einzeln oder zu 2—3 am Ende von kurzen Sprossen, von mehreren Hochblättern umgeben. Fruchtblatt die Samenanlage am Grund (als Perianth) umfassend. Sowohl das Fruchtblatt, als auch zuweilen die Hochblätter werden bei der Reife fleischig, woraus eine beerenartige Scheinfrucht resultiert. Nur eine Gattung:

Ephedra, Meerträubel[1]), mit ca. 30 Arten auf der nördlichen und südlichen Halbkugel, vorwiegend in Steppengebieten.

In Europa: *E. fragilis Desf.* (östliche Mittelmeerländer), *E. distachya L.* (Südeuropa von Westfrankreich bis Rußland), *E. major Host* (Mittelmeerländer bis Himalaja).

2. Familie ***Gnetaceae***

Bäume und Sträucher (zum Teil schlingend) mit laubartigen, fiedernervigen Blättern. Blütenstände ährenartig (oft zu Rispen vereinigt), eingeschlechtig, meist zweihäusig. Die einzelnen Blüten sind am Grund von Haaren umgeben.

[1]) So genannt, weil die roten Scheinbeeren als *amenta uvae marinae* in der Heilkunde gebraucht wurden; die *E. distachya* wächst im Sand an der Mittelmeerküste.

♂ Blüten aus Perianth (zwei verwachsene Blätter) und 1 bis 2 Staubblättern gebildet; ♀ aus einem Fruchtblatt, welches die Samenanlage bis auf den obersten Teil umhüllt. Archegonien rückgebildet, durch mehrere freie Kerne im oberen Teil des Endosperms ersetzt: Eikerne; Scheinbeere, deren fleischige Hülle aus dem Fruchtblatt hervorgeht.

Bei den *Gnetaceae* finden sich Andeutungen zur Insektenbestäubung, nämlich rudimentäre, vielleicht als Nektarien dienende ♀-Blüten in den ♂-Blütenständen.

Eine Gattung *Gnetum* mit ca. 15 Arten in den Tropen der Alten und Neuen Welt.

Gnetum gnemon L., aufrechter Baum des ostindischen Archipels; Früchte eßbar. *Gn. edule Bl.*, *Gn. urens Bl.* mit Brennhaaren an den Beeren.

3. Familie *Tumboaceae*

Stamm rübenartig, größtenteils im Boden steckend; aus dem hypokotylen Glied hervorgehend, bis 1,3 m Durchmesser, mit zwei sehr langen (bis 3 m), lederartigen am Boden liegenden Blättern.

Blüten diözisch, in zu Rispen angeordneten Ähren am Rand des Stammes in der Achsel der Blätter.

♂ Blüte aus sechs Antheren und einer rudimentären Samenanlage, ♀ Blüte aus flügelig verbreiterten Samenanlagen gebildet.

Die Samen stehen in ca. 5 cm langen roten Zapfen. Hierher eine Art:

Welwitschia mirabilis Hook (Tumboa Bainesii), die bekannte abenteuerlich gestaltete Wüstenpflanze Südwestafrikas (16.—32. Grad s. Br.), besonders der Kalahariwüste.

I. Tabelle

zum Bestimmen des **Holzes** der wichtigsten Nadelbäume nach anatomischen Merkmalen[1]).

A. Tracheiden mit schraubenförmigen Verdickungsleisten *(RL)*.
  a) Harzgänge 0 (Q), Markstrahlgewebe nur parenchymatisch (RL) . . . . *Taxus*.
  b) Harzgänge vorhanden, dickwandig (Q), Markstrahlgewebe teils tracheidal, teils parenchymatisch *(RL)* *Pseudotsuga*.

[1]) Zum Teil mit Benutzung von Burgerstein, Vergl. Anatomie des Holzes der Koniferen 1907. Die in jedem Fall erforderliche Art des Schnittes — Querschnitt (Q) oder radialer Längsschnitt (RL) oder tangentialer Längsschnitt (TL) — ist in Klammern namhaft gemacht.

B. Tracheiden ohne spiralige Verdickungsleisten (*RL*).

a) Scheiben der Tüpfelschließhäute der Strangtracheiden gekerbt *(RE)* . . . . *Cedrus.*

b) Scheiben der Tüpfelschließhäute der Strangtracheiden glatt *(RL).*

I. Markstrahlen nur parenchymatisch *(RL).*

1. An der Radialwand der Markstrahlzellen nur 1 großer vierkantiger oder elliptischer Tüpfel in der Zellweite *(RL)* . . . . *Sciadopitys.*

2. An der Radialwand 1 bis mehrere kleine einfache Tüpfel *(RL).*

a) Hoftüpfel der Tracheiden, soweit mehrreihig, mit einander bienenwabig abwechselnd *(araukaroid) (R)* *Araucaria.*

b) Mehrreihige Hoftüpfel auf gleicher Höhe (opponiert)

α) Strangparenchym reichlich.

aa Markstrahlen stets einschichtig *Juniperus* u. a. *Cupressaceae*[1]).

bb Markstrahlen oft auch zweischichtig *Sequoia* und *Taxodium.*

β) Strangparenchym mit auffälligen Kristallzell-Idioblasten . . . . *Ginkgo.*

γ) Strangparenchym spärlich *Abies, Pseudolarix.*

II. Markstrahlen teils parenchymatisch, teils tracheidal *(RL).*

1. Markstrahlen einschichtig *(TL)* . . . . *Tsuga.*

2. Markstrahlen teils ein-, teils mehrschichtig mit 1 Harzgang *(TL).*

a) Epithelzellen der Markstrahlharzgänge dickwandig *(TL).*

α) Harzgänge im Markstrahl wenig exzentrisch gelegen, mit meist weniger als 9 Sekretzellreihen *(T)* *Picea.*

β) Markstrahlharzgänge stärker exzentrisch, mit meist mehr als 9 Sekretzellreihen . . . *Larix.*

b) Epithelzellen der Markstrahlharzgänge dünnwandig *(TL).*

α) Wände der tracheidalen Markstrahlzellen glatt *(RL)* . . *Pinus (Sekt. Strobus* und *Cembra).*

β) Wände der tracheidalen Markstrahlzellen zackig *(RL)* . . . . *Pinus (Sekt. Pinaster).*

[1]) Unterscheidung der Gattungen schwierig.

II. Tabelle

zum Bestimmen des **Holzes** der wichtigsten Nadelbäume nach makroskopischen Merkmalen (an derben, Splint und Kern aufweisenden Stücken).

A. Kernholz ungefärbt (vom Splint kaum verschieden).

a) Harzgänge fehlend (Untersuchung eines zarten Querschnittes mittels der Lupe) . . . . *Abies.*

b) Harzgänge vorhanden, aber wenig zahlreich . . . . *Picea.*

B. Kernholz deutlich gefärbt (dunkler als der Splint).

a) Harzgänge fehlend (s. o.).

1. Kern rotbraun, Splint gelblichweiß, Holz hart, sehr dicht, schwer spaltbar . . . . *Taxus.*
2. Kern rosenrot, Holz weich, leicht, leichtspaltend, wohlriechend . . . . *Juniperus virginiana.*
3. Kern hellbraun, Holz schwer, dicht, wohlriechend *Juniperus communis.*
4. Kern graubraun, Holz sehr leicht und weich, schwer spaltbar . . . . *Thuja* und *Biota.*
5. Kern hellgelbbraun (ähnlich Lindenholz), Geruch stark süßlich . . . . *Chamaecyparis Lawsoniana.*

b) Harzgänge vorhanden (s. o.).

1. Spätholz und Frühholz im Jahresring scharf abgegrenzt.
   α) Kern frisch wenig deutlich, färbt sich erst mit der Zeit dunkler; Splint viele Jahresringe breit *Pinus silvestris.*
   β) Kern anfangs wenig deutlich, Splint schmal, wenige Jahresringe umfassend . . . . *Pseudotsuga.*
   γ) Kern von Anfang an deutlich, Splint schmal *Larix.*
2. Spätholz und Frühholz im Jahresring allmählich ineinander übergehend, Kern frisch, wie der (sehr breite) Splint, gelblich weiß, später gelbbraun *Pinus strobus* u. *Pinus cembra.*

III. Tabelle

zum Bestimmen der **Samen** der wichtigsten Nadelhölzer[1]).

A Same geflügelt.

I. Ein ziemlich großer (selten verkümmerter), ablösbarer oder nicht ablösbarer Flügel.

[1]) Nach von Tubeuf, Samen, Früchte und Keimlinge, Berlin 1891.

1. Flügel vom Samen ablösbar.
   a) Flügel den Samen zangenförmig umfassend *(Pinus)*.
      α) Same unter 5 mm, Körner verschiedenfarbig, gelb, braun, schwarz oder gesprenkelt[1]). Spitze nicht gedreht . . . . *P. silvestris* und *P. montana*.
      β) Same 5—7 mm, Zange fest haftend, beide Seiten des Samens braun . . . . *P. strobus*.
      γ) Same 8—12 mm, mit dicker Schale, Same selbst eßbar, Flügel rudimentär, aber Zange ablösbar. *P. cembra*.
   b) Flügel löffelartig den Samen an der Oberseite bedeckend, kaffeebraun, matt, Spitze gedreht . . *(Picea.)*
      α) Same 4—5 mm lang . . . . *Picea excelsa*.
      β) Same 2—$2^1/_2$ mm lang . . . . . . *Picea sitchensis*
2. Flügel mit dem Samen verwachsen. Der vom Flügel bedeckte Samenteil erscheint glänzend.
   a) Flügel die Oberseite des Samens ganz, die Unterseite zu $^1/_2$—$^2/_3$ bedeckend; Samenschale mit Harzdrüsen (Geruch!).
      α) Samen groß, ca. 10 mm, Flügel ca. 20 mm lang *Abies alba*.
      β) Samen klein, 1—2 mm, Flügel ca. 7 mm lang *Tsuga canadensis*.
   b) Flügel die Oberseite des Samens ganz bedeckend, von der Unterseite nur einen schmalen Randstreifen, Harzdrüsen fehlen oder mikroskopisch klein.
      α) Same ca. 4 mm lang, unterseits ± einfarbig, gelblichbraun . . . . *Larix decidua*.
      β) Same ca. 6 mm lang, unterseits meist braun gestrichelt . . . . *Pseudotsuga taxifolia*.
   c) Flügel nur die Oberseite des Samens bedeckend, Samenschale hart mit großen Harzdrüsen, Flügel sehr breit . . . . *Cedrus*-Arten.

II. Zwei nicht ablösbare Flügel.
1. Flügel ungleich, der eine ziemlich groß, breit elliptisch, der andere schmal leistenförmig . . . *Libocedrus decurrens*.
2. Flügel gleich.
   a) Same über 10 mm lang . . . *Sciadopitys verticillata*.
   Same unter 8 mm lang.

---

[1]) Die ursprüngliche Farbe und Zeichnung wird oft in der Entflügelungsmaschine verwischt.

α) Same rundlich, Spitze und Basis meist flügelfrei.
aa Same mit Harzdrüsen.
ααFlügel zart, gelbbraun *Thujopsis dolabrata.*
ββFlügel derb, dunkelbraun. *Chamaecyparis Lawsoniana.*
bb Same ohne Harzdrüsen. . . *Sequoia gigantea.*
β) Same länglich, hellbraun . . . . . *Thuja gigantea* (u. andere *Thuja*-Arten)
3. Flügel auf schmale Leisten reduziert: Same mehr oder weniger dreikantig . . . . *Cryptomeria japonica.*

B. Same flügellos[1]).
I. Same nußartig, braun, eiförmig, 5—6 mm lang. *Biota orientalis.*
II. Same nußartig mit fleischiger Umhüllung (*Arillus*).
a) erbsengroß . . . . *Taxus baccata.*
b) Same selbst 22—25 mm lang, aprikosenkernähnlich, Arillus gelb . . . . *Ginkgo biloba.*
III. Same unregelmäßig dreikantig, ca. 15 mm lang *Taxodium distichum.*
IV. Samen zu mehreren in eine fleischige Scheinbeere eingeschlossen (*Juniperus*).
a) Beere schwarzbraun mit blauem Reif, 6—8 mm im Durchmesser, an der Spitze mit 3 Schuppenrändern *J. communis.*
b) an der Spitze mit zwei Schuppenrändern, sonst wie a *J. sabina.*

IV. Tabelle

zum Bestimmen der **Keimpflanzen** der wichtigsten Nadelbäume[2]).

A. Kotyledonen unterirdisch . . . . *Ginkgo biloba.*
B. Kotyledonen oberirdisch, ergrünend.
I. Keimpflanzen mit zwei Kotyledonen.
a) Primärnadeln spiralig, zahlreich, beiderseits grün, Kotyledonen 15—18 mm lang . . . . *Taxus baccata.*
b) Primärnadeln in 2—4 gliedrigen Quirlen.
α) Nur ein Scheinquirl von 2—4 Primärnadeln, darauffolgend mehrgliedrige Quirle aus Doppelnadeln bestehend, Kotyledonen derb, nach rückwärts gebogen, spitz, 15—20 mm lang . . . . *Sciadopitys verticillata.*

[1]) Nicht zu verwechseln mit entflügelten Kiefernsamen.
[2]) Nach von Tubeuf: Samen, Früchte und Keimlinge, Berlin 1891.

β) Primärnadeln erst ein Paar, dann in 4zähligen Quirlen Kotyledonen flach.
1. Kotyledonen 22—25 mm lang . . *Biota orientalis.*
2. Kotyledonen 7 mm lang, weiße Bänder auf der Unterseite der Primärnadeln deutlich *Thujopsis dolabrata.*
3. Kotyledonen meist unter 7 mm lang oder viel kürzer, sonst ähnlich voriger . . *Chamaecyparis Lawsoniana.*
4. Kotyledonen 6 mm lang; weiße Bänder der Unterseite der Primärnadeln fehlend oder undeutlich *Thuja gigantea.*
5. Kotyledonen 8 mm lang, sonst wie vorige *Thuja occidentalis*

II. Keimpflanzen mit 3—4 Kotyledonen.
a) Kotyledonen 8—9 mm lang, Primärnadeln gestielt und gezähnt, unterseits mit 2 weißen Streifen *Tsuga canadensis.*
b) Kotyledonen 10 mm lang, Primärnadeln glatt, oberseits mit zwei weißen Streifen . . . . *Cryptomeria japonica.*

III. Keimpflanzen mit 4—6 flachen, stumpfen Kotyledonen, mit 2 weißen Streifen oben, ebensoviele Primärnadeln *Abies*-Arten.

IV. Keimpflanzen mit mehr als 5 — selten 3—5 (*P. montana*) — dreikantigen, spitzen Kotyledonen; letztere nach oben gekrümmt.
a) Kotyledonen und Primärnadeln glatt.
α) Kotyledonen 4—8, ca. 15 mm lang, Stämmchen glatt *Larix decidua.*
β) Kotyledonen 5—7, 15—20 mm lang, Stämmchen behaart . . . . *Pseudotsuga taxifolia.*
γ) Kotyledonen 6, ca. 9 mm lang . . *Picea omorica* und *Picea sitchensis.*
b) Primärnadeln und Kotyledonen gezähnt.
α) Kotyledonen 5—10, 15—17 mm lang *Picea excelsa.*
β) Kotyledonen 8—11, ca. 25 mm lang *Pinus strobus.*
γ) Kotyledonen 9—12, ca. 30 mm lang *Pinus cembra.*
c) Primärnadeln gezähnt, Kotyledonen glatt.
α) Kotyledonen 3—5, ca. 20 mm lang *Pinus montana.*
β) Kotyledonen 5—7, ca. 20 mm lang *Pinus silvestris.*
γ) Kotyledonen 6—8, ca. 30 mm lang . . *Pinus nigra.*

Verbreitungskarten einiger heimischer Nadelhölzer[1])

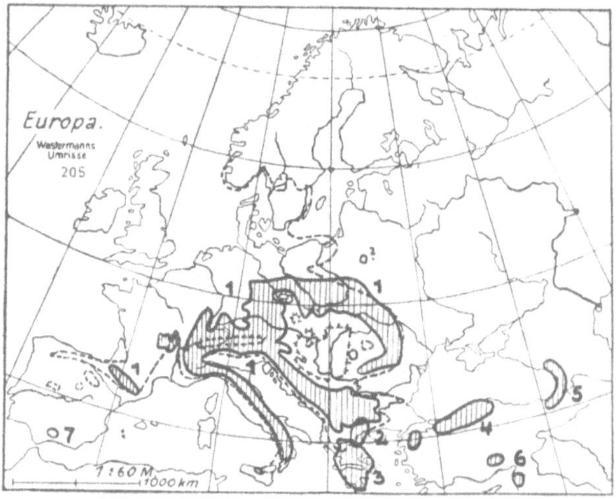

Karte 1

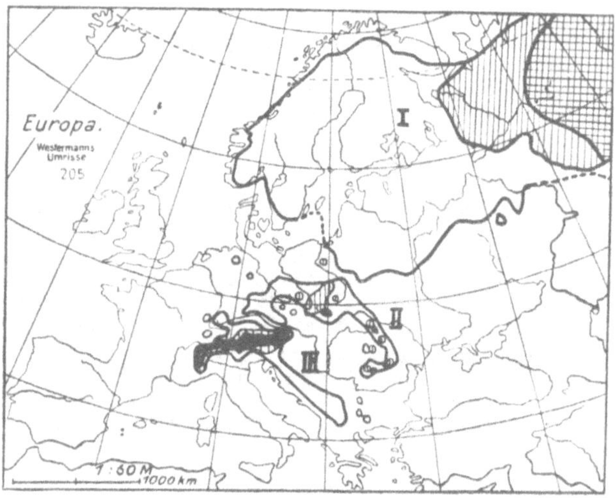

Karte 2

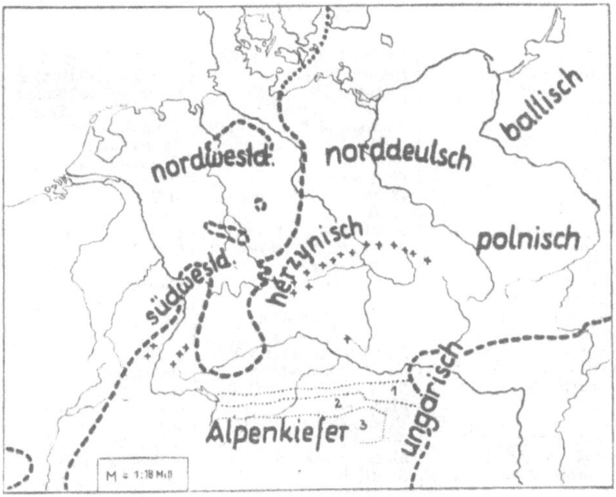

Karte 3

Karte 1. Verbreitung unserer Weißtanne (*Abies alba*, 1) und ihrer Schwesterarten *A. Borisii regis* (2), *A. cephalonica* (3), *A. Bornmülleriana* (4), *A. Nordmanniana* (5), *A. cilicica* (6) und *A. pinsapo* (7). Zum Vergleich (gestrichelt) kontinentale Ostgrenze der Rotbuche (*Fagus silvatica*) und Buchenausschlußgebiete (inneralpin, innerböhmisch, innerungarisch). Nach Rubner.

Karte 2. Verbreitungsgebiete von Fichte (*Picea excelsa;* schwarz umrandet, aber nicht schraffiert), Lärche (*Larix decidua* einschließlich *sibirica;* senkrecht schraffiert) und Zirbelkiefer (*Pinus cembra;* schwarz, sibirisches Areal gekreuzt schraffiert). Alle drei Arten haben ein nordisch-sibirisches Hauptareal und diesem vorgelagert ein karpathisch-hercynisches und ein dinarisch-alpines Gebirgsareal.

Karte 3. Natürliche Westgrenze (gestrichelt) und regionale Gliederung des Vorkommens der Gemeinen Kiefer (*Pinus silvestris*). Das Gebirgsvorkommen der hercynischen Höhenkiefer ist durch Kreuze bezeichnet, das Gebiet der Alpenkiefer durch feine Punktierung in eine Alpenrand-, eine inneralpine u. eine Übergangsregion gegliedert.

[1]) Für die Verbreitung weiterer Arten — insbesondere auch der nordamerikanischen und ostasiatischen — verweisen wir auf: Schmucker, Th. ie Baumarten der nördlich gemäßigten Zone und ihre Verbreitung. *Silvae* , 1942 (250 Karten!).

Register

Physik / Chemie / Allgemeine, anorganische, organische und experimentelle Chemie / Elektrochemie / Technologie

Vektoranalysis. Von S. Valentiner. 7., wesentl. veränderte Aufl. Mit 19 Fig. 138 S. 1950 . . . . Bd. 354

Geschichte der Chemie. Von G. Lockemann. Bd. I: Vom Altertum bis zur Entdeckung des Sauerstoffs. Mit 8 Bildnissen. 142 S. 1950 . . . . Bd. 264

Allgemeine und physikalische Chemie. Von W. Schulze.
I. Teil: 3., durchgesehene Aufl. Mit 22 Fig. 146 S. 1949 Bd. 71
II. Teil: 3., durchgesehene Aufl. Mit 36 Fig. 160 S. 1949 Bd. 698

Physikalisch-Chemische Rechenaufgaben. Von E. Asmus. 2. Aufl. 96 S. 1949 . . . . Bd. 445

Anorganische Chemie. Von W. Klemm. 7. Aufl. Mit 18 Abb. 184 S. 1952 . . . . Bd. 37

Thermochemie. Von W. A. Roth. 3. Aufl. Mit 16 Fig. 109 S. 1952. In Vorbereitung . . . . Bd. 1057

Stöchiometrische Aufgabensammlung. Mit den Ergebnissen. Von W. Bahrdt und R. Scheer. 5., verbess. Aufl. Mit 120 S. 1952 . . . . Bd. 452

Organische Chemie. Von W. Schlenk. 5., verbess. Aufl. Mit 17 Fig. 239 S. 1949 . . . . Bd. 38

Analytische Chemie. Von J. Hoppe. I.: Reaktionen. 5., verbesserte Aufl. 135 S. 1950 . . . . Bd. 247
II.: Gang der qualitativen Analyse. 5., verbesserte Aufl. 168 S. 1950 . . . . Bd. 248

Elektrochemie und ihre physikalisch-chemischen Grundlagen. Von A. Dassler. Bd. I: Mit 21 Abb. 149 S. 1950 Bd. 252
Bd. II: Mit 17 Abb. 178 S. 1950 . . . . Bd. 253

Warenkunde. Von K. Hassak und E. Beutel. 7. Auflage, neu bearbeitet von A. Kutzelnigg. Bd. I. Anorganische Waren sowie Kohle und Erdöl. Mit 19 Fig. 116 S. 1947 Bd. 222
Bd. II. Organische Waren. Mit 32 Fig. 143 S. 1949 Bd. 223

Die Fette und Öle. Von K. Braun. 5. vollständig neubearb. und verbess. Aufl. von Th. Klug. 145 S. 1950 . . . . . Bd. 335

Naturwissenschaften / Biologie / Botanik / Zoologie
Land- und Forstwirtschaft

Hormone. Von G. Koller. 2. Aufl. Mit 60 Abb. und 19 Tab. 187 S. 1949 . . . . Bd. 1141

Geschlecht und Geschlechtsbestimmung im Tier- und Pflanzenreich. Von M. Hartmann. 2. Aufl. Mit 62 Abb. 155 S. 1951 . . . . Bd. 1127

Fortpflanzung im Tier- und Pflanzenreich. Von J. Hämmerling. 2., ergänzte Aufl. Mit 101 Abb. 135 S. 1951 . . Bd. 1138

Grundriß der allgemeinen Mikrobiologie. Von W. Schwartz.
Bd. I: Mit 17 Abb. 104 S. 1949 . . . . Bd. 1155
Bd. II: Mit 12 Abb. 93 S. 1949 . . . . Bd. 1157

Symbiose der Tiere mit pflanzlichen Mikroorganismen. Von P. Buchner. 2., verbesserte und vermehrte Aufl. Mit 121 Abb. 130 S. 1949 . . . . Bd. 1128

Entwicklungsgeschichte des Pflanzenreiches. Von H. Heil. 2. Aufl. Mit 94 Abb. und 1 Tab. 138 S. 1950 . . . . . Bd. 1137

Morphologie der Pflanzen. Von L. Geitler. 3. Aufl. Mit 114 Abb. 126 S. 1952. In Vorbereitung . . . . Bd. 141

Pflanzenzüchtung. Von H. Kuckuck. I: Grundzüge der Pflanzenzüchtung. 3., völlig umgearbeitete u. erweiterte Aufl. Mit 22 Abb. 132 S. 1952 . . . . Bd. 1134

Die Laubhölzer. Von F. W. Neger und E. Münch. 3., durchgesehene Aufl., herausgegeben von B. Huber. Mit 63 Fig. und 7 Tab. 142 S. 1950 . . . . Bd. 718

Die Nadelhölzer (Koniferen) und übrigen Gymnospermen. Von F. W. Neger und E. Münch. 4., durchges. u. ergänzte Aufl., herausgegeb. von B. Huber. Mit 75 Fig., 5 Tabellen u. 5 Karten. 140 S. 1952 . . . . Bd. 355

Vergleichende Physiologie der Tiere. Von K. Herter.
I. Stoff- und Energiewechsel. 3. Aufl. Mit 64 Abb. 155 S. 1950 . . . . Bd. 972
II. Bewegung und Reizerscheinungen. 3. Aufl. Mit 110 Abb. 148 S. 1950 . . . . Bd. 973

Landwirtschaftliche Tierzucht. Die Züchtung und Haltung der landwirtschaftlichen Nutztiere. Von H. Vogel. Mit 11 Abbild. 139 S. 1952 . . . . Bd. 228

Kulturtechnische Bodenverbesserungen. Von O. Fauser.
I.: Allgemeines, Entwässerung. 4., neubearbeitete Aufl. Mit 47 Abb. 122 S. 1947 . . . . Bd. 691
II.: Bewässerung, Ödlandkultur, Umlegung. 4., neubearbeitete Aufl. Mit 67 Abb. 150 S. 1948 . . . . . . Bd. 692

Geologie / Mineralogie / Kristallographie

Geologie. Von H. Cloos. 3. Aufl. In Vorbereitung . . . Bd. 13

Mineralogie. Von R. Brauns und K. F. Chudoba. 8., neubearbeitete Aufl. Mit 125 Textfiguren und 9 Abb. auf einer Tafel. 143 S. 1943 . . . . Bd. 29

Petrographie. Von W. Bruhns u. P. Ramdohr. 3., durchgesehene Aufl. Mit 10 Figuren. 117 S. 1949 . . . . . Bd. 173

Kristallographie. Von W. Bruhns und P. Ramdohr. 4. Aufl. 1952 . . . . Bd. 210

Einführung in die Kristalloptik. Von E. Buchwald. 4., verb. Aufl. Mit 121 Fig. 138 S. 1952 . . . . Bd. 619

Lötrohrprobierkunde. Mineraldiagnose mit Lötrohr und Tüpfelreaktion. Von M. Henglein. 3., verbesserte Aufl. Mit 11 Fig. 91 S. 1949 . . . . Bd. 483

Ingenieurwissenschaften

Allgemeines / Maschinenbau / Hoch- und Tiefbau Elektrotechnik / Wasserbau

Technische Tabellen und Formeln. Von W. Müller. 4., überarbeitete Aufl. Von E. Schulze. Mit 105 Fig. 152 S. 1951 Bd. 579

Dynamik. Von W. Müller. I.: Dynamik des Einzelkörpers. 2., verbesserte Aufl. Mit 70 Fig. 160 S. 1952 . . . . Bd. 902
II.: Systeme von starren Körpern. 2., verbess. Aufl. Mit 41 Fig. 102 Seiten. 1952 . . . . Bd. 903

Technische Thermodynamik. Von W. Nusselt.
I.: Grundlagen. 3., verb. Aufl. Mit 71 Abb. 144 S. 1950 Bd. 1084
II.: Theorie der Wärmekraftmaschinen. Neudruck. Mit 87 Abb. und 32 Zahlentafeln. 144 S. 1951 . . . . . . Bd. 1151

Festigkeitslehre. Von W. Gehler und W. Herberg.
I.: Elastizität, Plastizität und Festigkeit der Baustoffe und Bauteile. Durchgesehener u. erweit. Neudruck. Mit 118 Bildern. 159 S. 1952 . . . . Bd. 1144

Metallkunde. Von H. Borchers. I.: Aufbau der Metalle und Legierungen. Mit 2 Tab. und 90 Abb. 2. Aufl. 110 S. 1950 . . . . Bd. 432
II.: Eigenschaften, Grundzüge der Form und Zustandsgebung. Mit 8 Tab., 100 Abb. 2. Aufl. 154 S. 1952 Bd. 433

Geisteswissenschaften

Philosophie / Psychologie

Einführung in die Philosophie. Von H. Leisegang. 145 S. 1951 . . . . Bd. 281

Hauptprobleme der Philosophie. Von G. Simmel. 7., unveränderte Auflage. 177 S. 1950 . . . . Bd. 500

Erkenntnistheorie. I Allgemeine Grundlegung. Von G. Kropp. 143 S. 1950 . . . . Bd. 807

Die geistige Situation der Zeit. (1931). Von K. Jaspers. 2., unveränderter Abdruck der im Sommer 1932 bearbeiteten 5. Aufl. 232 S. 1949 . . . . Bd. 1000

Philosophisches Wörterbuch. Von M. Apel. 3., neubearb. Aufl. 260 S. 1950 . . . . Bd. 1031

Therapeutische Psychologie. (Freud, Adler, Jung). Von W. M. Kranefeldt. 2. Aufl. 152 S. 1950 . . . . Bd. 1034

Religionswissenschaften

Jesus. Von M. Dibelius. 2. Aufl. Neudruck. 141 S. 1949. Bd. 1130

Paulus. Von M. Dibelius. Hrsg. und zu Ende geführt von W. G. Kümmel. 155 S. 1951 . . . . Bd. 1160

Musik / Kunst

Systematische Modulation. Von R. Hernried. 2. Aufl. 136 S. 1950 . . . . Bd. 1094

Der polyphone Satz. I. Der cantus-firmus-Satz. Von E. Pepping. 2. Aufl. 223 S. 1950 . . . . Bd. 1148

Die Technik des Klavierspiels. Von K. Schubert. 2. Aufl. 132 S. 1946 . . . . Bd. 1045

Die Musik des 19. Jahrhunderts. Von W. Oehlmann. 180 S. 1952. In Vorbereitung . . . . Bd. 170

Stilkunde. I. Vorzeit, Antike, Mittelalter. Von H. Weigert. 2. Aufl. Mit 94 Abb. 136 S. 1952. In Vorbereitung . . Bd. 80
II. Spätmittelalter und Neuzeit. 2. Aufl. Mit 84 Abb. 147 S. 1952. In Vorbereitung . . . . Bd. 781

Geschichte

Allgemeines / Vor- und Frühgeschichte / Altertum, Mittelalter und Neuzeit / Kulturgeschichte

Einführung in die Geschichtswissenschaft. Von P. Kirn. 2. Aufl. 121 S. 1952 . . . . Bd. 270

Kultur der Urzeit. Bd. I: Die vormetallischen Kulturen. (Die Steinzeiten Europas. Gleichartige Kulturen in anderen Erdteilen.) Von F. Behn. 4. Aufl. Mit 48 Abb. 172 S. 1950 . . . . Bd. 564
Bd. II: Die älteren Metallkulturen. (Der Beginn der Metallbenutzung. Kupfer- und Bronzezeit in Europa, im Orient und Amerika.) 4. Aufl. Mit 67 Abb. 160 S. 1950 . . . . Bd. 565
Bd. III: Die jüngeren Metallkulturen. (Das Eisen als Kulturmetall. Hallstatt- und Latène-Kultur in Europa. Das erste Auftreten des Eisens in den anderen Weltteilen.) 4. Aufl. Mit 60 Abb. 149 S. 1950 . . . . Bd. 566

Vorgeschichte Europas. Von F. Behn. 7. Aufl. Mit 47 Abb. 125 S. 1949 . . . . Bd. 42

Vor- und Frühzeit der Mittelmeerländer. I. Das östliche Mittelmeer. Von J. Wiesner. Mit einer Textabb. und 7 Tafeln. 177 S. 1943 . . . . Bd. 1149
II. Das westliche Mittelmeer. Mit 3 Textabb. und 7 Tafeln. 129 S. 1943 . . . . Bd. 1150

Römische Geschichte. I. Teil: Bis zur Schlacht bei Pydna. Von F. Altheim. 123 S. 1948 . . . . Bd. 19
II. Teil: Bis zur Begründung des Prinzipats. 141 S. 1948 Bd. 677

Zeitrechnung der römischen Kaiserzeit, des Mittelalters und der Neuzeit. Für die Jahre 1—2000 n. Chr. Von H. Lietzmann. 2. Aufl. besorgt d. A. Hofmeister. 126 S. 1952. In Vorbereitung . . . . Bd. 1085

Quellenkunde der deutschen Geschichte im Mittelalter. (Bis zur Mitte des 15. Jahrh.) I. Einleitung. Allgemeiner Teil. Die Zeit der Karolinger. Von K. Jacob. 5. Aufl. 118 S. 1949 . . . . Bd. 279
II. Die Kaiserzeit (911—1250). 4. Aufl. 127 S. 1949 . . Bd. 280
III. Das Spätmittelalter (vom Interregnum bis 1500). Unter Verwendung des Nachlasses von K. Jacob. Herausgegeben von F. Weden. 152 S. 1952 . . . . Bd. 284

Von den Karolingern zu den Staufern. Die altdeutsche Kaiserzeit (900—1250). Von J. Haller. 3. Aufl. Mit 4 Karten. 141 S. 1944 . . . . Bd. 1065

Deutsche Geschichte im Zeitalter der Reformation, der Gegenreformation und des 30jährigen Krieges. Von F. Hartung. 129 S. 1951 . . . . Bd. 1105

Geschichte Englands. Teil I: bis 1815. Von H. Preller. 3., stark umgearbeitete Auflage. Mit 2 Karten. 135 S. 1952. In Vorbereitung . . . . Bd. 375

Geschichte der Mathematik. I. Von den Anfängen bis zum Auftreten von Fermat und Descartes. Von J. E. Hofmann. 199 S. 1952. In Vorbereitung . . . . Bd. 226

Geschichte der Chemie. Bd. I: Vom Altertum bis zur Entdeckung des Sauerstoffs. Von G. Lockemann. Mit 8 Bildnissen. 142 S. 1950 . . . . Bd. 264

Sprach- und Literaturwissenschaft

Indogermanisch / Germanisch

Indogermanische Sprachwissenschaft. Von H. Krahe. 2. Aufl. 134 S. 1948 . . . . Bd. 59

Sanskrit-Grammatik. Von M. Mayrhofer. 89 S. 1952. In Vorbereitung . . . . Bd. 1158

Germanische Sprachwissenschaft. Bd. I: Einleitung und Lautlehre. Von H. Krahe. 2. Aufl. 127 S. 1948 . . . Bd. 238
Bd. II: Formenlehre. 2. Aufl. 140 S. 1948 . . . . . . Bd. 780

Altnordisches Elementarbuch. Schrifttum, Sprache, Texte mit Übersetzung und Wörterbuch. Von F. Ranke, 2., durchgesehene Aufl. 146 S. 1949 . . . . Bd. 1115

Deutsche Sprache und Literatur

Deutsche Wortkunde. Eine kulturgeschichtliche Betrachtung des deutschen Wortschatzes. Von A. Schirmer. 3. Aufl. 109 S. 1949 . . . . Bd. 929

Deutsches Dichten und Denken von der germanischen bis zur staufischen Zeit. (Deutsche Literaturgeschichte vom 5. bis 13. Jhdt.) Von H. Naumann. 2., verbess. Aufl. 166 S. 1952 . . . . Bd. 1121

Der Nibelunge Nôt. In Auswahl mit kurzem Wörterbuch. Von K. Langosch. 9., umgearbeitete Aufl. 163 S. 1952. In Vorbereitung . . . . Bd. 1

Deutsches Dichten und Denken vom Mittelalter zur Neuzeit. (1270—1700.) Von G. Müller. 2. Aufl. 159 S. 1949 Bd. 1086

Deutsches Dichten und Denken von der Aufklärung bis zum Realismus. (1700—1890.) Von K. Viëtor. 2. Aufl. 156 S. 1949 . . . . Bd. 1096

Englische Sprache / Romanische Sprache und Literatur

Altenglisches Elementarbuch. Einführung, Grammatik. Texte mit Übersetzung und Wörterbuch. Von M. Lehnert. 2., verbesserte und vermehrte Aufl. 176 S. 1950 Bd. 1125

Beowulf. Eine Auswahl mit Einführung, teilweiser Übersetzung, Anmerkungen und etymologischem Wörterbuch. Von M. Lehnert. 2., verbesserte Aufl. 135 S. 1949 Bd. 1135

Italienische Literaturgeschichte. Von K. Voßler. Unveränderter Nachdruck der 1927 erschienenen 4., durchgesehenen und verbesserten Aufl. 148 S. 1948 . . . Bd. 125

Griechisch / Lateinisch

Geschichte der griechischen Sprache. I. Bis zum Ausgang der klassischen Zeit. Von O. Hoffmann. 3., stark umgearbeitete Aufl. von A. Debrunner. 144 S. 1952. In Vorbereitung . . . . Bd. 111

Geschichte der griechischen Literatur. I. Von den Anfängen bis auf Alexander d. Gr. Von W. Nestle. 2., verbesserte Aufl. Neudruck. 148 S. 1950 . . . . Bd. 70
II. Von Alexander d. Gr. bis zum Ausgang der Antike. 2., verbesserte Aufl. 128 S. 1945 . . . . Bd. 557

Geschichte der lateinischen Sprache. Von F. Stolz. 3., stark umgearbeitete Aufl. von A. Debrunner. 136 S. 1952. In Vorbereitung . . . . Bd. 492

Orientalia / Russisch

Sanskrit-Grammatik. Von M. Mayrhofer. 89 S. 1952. In Vorbereitung . . . . Bd. 1158

Hebräische Grammatik. I. Band: Schrift-, Laut- und Formenlehre I. Von G. Beer. 2., völlig umgearb. Aufl. von R. Meyer. 157 S. 1952. In Vorbereitung . . . Bd. 763

Russische Grammatik. Von E. Berneker und M. Vasmer. 6., unveränderte Aufl. 155 S. 1947 . . . . Bd. 66

Erd- und Länderkunde

Kartenkunde. Von M. Eckert-Greifendorff. Durchgesehen von W. Kleffner. 3. Aufl. Mit 63 Abb. 149 S. 1950 . . Bd. 30

Australien und Ozeanien. Von H.-J. Krug. Mit 46 Skizzen. 176 S. 1952. In Vorbereitung . . . . Bd. 319

Wirtschaftswissenschaften / Gesellschaftskunde

Allgemeine Betriebswirtschaftslehre. Von K. Mellerowicz. 3 Bde. I = 142 S., II = 112 S., III = 141 S. 7. Aufl. 1952. . . . . Bd. 1008, 1153, 1154

Soziologie. Geschichte und Hauptprobleme. Von L. v. Wiese. 4. Aufl. 151 S. 1950. . . . . Bd. 101